Antoine de La Garanderie
Geneviève Cattan

TOUS LES ENFANTS PEUVENT RÉUSSIR

MARABOUT

Rencontre

Chinois ou russe ? Allemand ou anglais ? Il faut choisir, en cette veille d'entrée en 6e, ce qui semble déterminer l'avenir tout entier de mes jumeaux.

« Avec le chinois en première langue, la voie royale est toute tracée, me dit-on. Ils sont si peu nombreux ! » En effet… « Le russe est encore ce qu'il y a de mieux : les classes sont homogènes, les professeurs excellents : aucun problème d'avenir. »

« En tout cas, tu ne peux pas choisir moins que l'allemand, sinon c'est le tronc commun, les classes hétérogènes, pour se retrouver, au bout du chemin, dans la plus grande incertitude. »

J'écoute. Je proteste. Il n'y aurait donc de choix qu'entre une langue vivante « noble » qui, dès l'entrée en 6e, serait une sorte d'assurance tous risques, et le rebut ! Et l'enfant, au cœur d'un tel choix ? Pourquoi choisir, « pour lui », le chinois ou le russe ? A cause de ses attaches familiales ? Pour lui permettre de lire Li Po ou Dostoïevski dans le texte ou de dialoguer avec une partie non négligeable de l'humanité sans le secours d'un traducteur ? Je pourrais comprendre. Mais choisir ces langues pour accéder aux plus hautes fonctions d'une administration ou d'une entreprise qui, dans le meilleur des cas, vous demandera de parler couramment l'anglais ou l'espagnol... Je ne comprends plus.

L'école est-elle – ou non – un lieu d'épanouissement des enfants ? Est-elle – ou non – le lieu d'une ouverture sur la vie, sur les autres ? N'est-elle pas en train de devenir le terrain d'une compétition implacable ? Elle ressemble de plus en plus à une balance en perpétuel déséquilibre où le plateau de « l'échec » pèse toujours davantage.

L'enchaînement des mots de ma colère me renvoie plusieurs années en arrière. Pierre et Anna étaient alors en deuxième année de maternelle et de bonnes âmes m'avaient alertée sur ce qui constituait à leurs yeux un handicap majeur : mes jumeaux étaient *scolairement* mal nés. Entendez par là qu'ils sont du mois de janvier et que dès lors ils ont un an de retard ! Je n'avais jamais envisagé la chose sous cet angle, ayant plutôt privilégié le fait qu'ils étaient nés à terme et en excellente forme. Je décidai toutefois, ébranlée par ces remarques attristées, de demander conseil à la directrice : « Si vous y tenez, me dit-elle, la psychologue peut leur faire passer des tests. Nous en reparlerons après. »

Les tests accomplis, le verdict tombe : bilan « globalement positif » pour Anna ; elle peut entrer en CP. Pierre, lui, manque de maturité, il aura plus de mal, mais si je veux prendre le risque... Je revois la directrice pour tenter d'y voir clair : « Mon avis est celui d'une enseignante qui a trente années d'expérience, me dit-elle. Il vaut ce qu'il vaut mais je suis heureuse de vous le donner : vos enfants sont manifestement bien dans leur peau et dans leur tête, ils sont gais et n'ont aucun problème d'acquisition des connaissances. Si vous leur faites sauter la dernière marche de maternelle, ils seront confrontés chaque jour à une telle compétition avec des enfants plus mûrs qu'il n'est pas sûr que l'expérience leur soit bénéfique. Je vous conseillerais plutôt de parier sur leur épanouissement. »

C'est donc au nom de leur épanouissement que j'ai pu alors, en toute conscience et sans l'avoir jamais regretté depuis, prendre la décision de ne pas faire sauter de classe à Pierre et à Anna.

Et voilà que, des années plus tard, toujours à cause d'une ligne de vie scolaire hypothétiquement tracée, je me retrouve devant un choix qu'en qualité de parent responsable il m'appartient de faire : ou la voie royale ou la voie de garage ! D'épanouissement, dans tous les discours que j'entends, il n'est jamais question.

Les enfants – les miens et les autres qui, sans être des cracks, sont ce qu'on appelle des « têtes de classe » – ont réglé le problème du choix de la première langue à leur façon : ils savent que l'anglais est partout nécessaire ou apprécié et souhaitent que leurs parents décident de le leur faire apprendre pour leur permettre de rester ensemble, dans ce petit collège au sein de la résidence où ils sont nés et où leurs aînés déjà ont pu gravir les échelons du premier cycle.

Alors ? alors la décision n'est pas facile. Et si comme tant de gens le disent, comme tant d'auteurs l'écrivent, l'échec était réellement au bout de ces classes d'anglicistes hétérogènes ? Et si en ne choisissant pas, au moins, l'allemand, je les y préparais plus rapidement ?

L'échec, toujours l'échec. Quand on veut parler d'école, on ne parle plus que d'échec. Les uns après les autres, les rapports officiels tombent sur ce mal incontournable ; les statistiques les plus sombres remplissent les colonnes des journaux, meublent les conversations, envahissent les unes des magazines.

J'ai opté pour l'anglais en première langue, mais je dois lutter contre ce qui devient une obsession : ai-je hypothéqué l'avenir de mes enfants ? Les discours ressassés avivent mes inquiétudes. Je décide de consulter dans les rayons pédagogiques de mes librairies préférées. Ambiance grise : les quatrièmes de couverture déclinent l'échec sous toutes ses formes, ses causes, ses symptômes, ses conséquences… Je repose les livres les uns après les autres. Sur le point d'abandonner, je retourne un dernier ouvrage et lis : « Les livres sur l'échec scolaire et ses multiples raisons ne manquent pas. Antoine de La Garanderie propose de renverser la perspective et d'étudier d'abord les réussites scolaires. A quoi tiennent-elles ? C'est une démarche neuve qui s'intéresse principalement au processus mental lui-même, au fonctionnement de l'esprit. » Le titre de ce livre pas comme les autres : *Les profils pédagogiques*, me découragerait si le sous-titre n'était pas – heureusement – plus évocateur : « Discerner les aptitudes scolaires. »

Le libraire interrogé me confie : « C'est le pédagogue le plus lu de mon rayon. Pas facile à lire pourtant. Mais la philosophie qui s'en dégage est optimiste. Vous devriez essayer, vous ne le regretterez pas. »

J'achète. Je lis. En effet, la lecture n'est pas toujours aisée, mais l'essentiel me séduit d'autant plus que ce qu'expose le pédagogue est le fruit de décennies d'observations. Et, surtout, il n'est nulle part question d'échec, mais toujours de réussite.

Curieuse par profession, je me renseigne un peu sur l'homme. Il est professeur, dans une université de province ; pour le joindre, je dois appeler sa maison d'édition. Et, au terme d'une longue conversation téléphonique, je décide de le rencontrer.

Il est grand, très grand, ses cheveux blancs tombent en mèches sur le front, son regard malicieux est amical dès le premier instant. D'entrée de jeu, j'ose lui dire que je l'ai lu, mais imparfaitement compris, que je ne demande qu'à être convaincue de l'excellence de ses thèses même si je les discerne encore mal, et que je me sens plus à l'aise dans le concret que dans les théories. Il plie sa haute taille sur les coussins de son fauteuil. Il ne m'entend pas et, la main en cornet, me fait répéter : « C'est une longue habitude aussi vieille que moi. »

L'une des choses qui me frappent et me séduisent très vite, c'est l'humilité non feinte dont Antoine de La Garanderie témoigne.

« Je n'ai rien découvert, voyez-vous. Les Anciens, des philosophes, ont exprimé, écrit tout cela bien avant moi. Il m'a suffi d'un peu d'attention et d'un peu d'amour pour mes semblables. Nous avons tous en nous des richesses inexploitées et il faut si peu de chose pour les mettre au jour ! »

A la fin de ce premier entretien, je sais qu'Antoine

de La Garanderie est un homme de conviction, qu'il aime se faire entendre, qu'il n'a aucun goût pour la célébrité, qu'il combat l'injustice qui fait de certains d'entre nous des surhommes et des autres du bétail, et qu'il désespère de voir les choses changer de son vivant. Mais c'est un incorrigible optimiste qui affirme avec un calme serein que, si on leur en donne les moyens, tous les enfants peuvent réussir.

Indéniablement, Antoine de La Garanderie a des idées sur l'éducation, et il s'est donné les moyens de parer à tous les coups pour les défendre. Intarissable conteur, il parle de pédagogie sans jamais prononcer ce mot, dont il sait qu'il n'éveille pas toujours l'intérêt des foules.

Le vocable « gestion mentale » sonne toujours étrange dans ma tête. Il évoque tout sauf ce qu'il devrait : j'entends « gestion » et je pense aux portefeuilles ou à la Bourse ; je dis « mentale » et je vois Jack Nicholson dans *Vol au-dessus d'un nid de coucou*. Heureusement, Antoine répond à mes questions sans me donner l'impression qu'elles sont hors sujet. Plus d'une fois, il me fait l'amitié de les trouver « judicieuses » et je découvre là une nouvelle forme de la charité chrétienne...

Pourtant à mesure que je comprends mieux, naît en moi l'idée de raconter sa pédagogie. Surtout si, comme il me l'affirme, je peux constater par moi-même à quoi elle ressemble sur le terrain. Que se passe-t-il quand on parle d'« évocations », de « mise en projet », d'« image auditive » ? J'ai beau m'être familiarisée avec tous ces termes, je ne les « comprends » pas, je ne « vois » pas leur rapport avec la réalité d'une classe.

Je prends mon premier rendez-vous avec deux enseignants grenoblois. Je vais devoir, en quelques heures d'interview, discerner l'essentiel, l'important, l'inédit de cette pédagogie, questionner, chercher la petite bête, contrer les enthousiasmes des partisans d'Antoine de La Garanderie pour comprendre ce qui les anime.

J'ai posé les questions et écouté les réponses. Plus les enseignants parlent, plus ils racontent leur quotidien, moins je me sens étrangère. J'ai alors compris que, comme eux, comme tous ceux que je rencontrerais pour faire ce livre, j'avais, moi aussi, eu besoin d'un certain temps pour arriver à comprendre en quoi la « méthode » La Garanderie est une méthode « naturelle » qui ne nécessite aucun artifice, et qu'après ce temps on y « entre » – ou non.

Après les quelques heures passées à écouter les Grenoblois, j'ai enfin l'agréable sensation d'avoir recouvré toutes mes facultés. « Gestion mentale » ne sonne plus creux, le vocable a même une double résonance dans ma tête : il s'agit soit de la science des « gestes mentaux » – autrement dit l'attention, la réflexion, la mémorisation, l'imagination, etc. –, soit de l'administration du mental. Et je m'aperçois qu'en lisant mon journal dans le train du retour, je m'exerce à ce nouveau jeu.

On ne peut pas écrire sur la pédagogie de la gestion mentale sans faire un détour obligé par la biographie d'Antoine de La Garanderie. Pour comprendre « en vérité », comme il aime à le dire, ce qui l'a conduit toute sa vie à s'interroger non pas sur les causes de l'échec, mais sur les conditions du succès, il faut remonter à son enfance.

Antoine de La Garanderie n'est pas issu d'une famille socialement ou culturellement défavorisée, pourtant il s'en est fallu de peu qu'il aille grossir les rangs de ceux pour qui école rime avec échec. S'il s'en est sorti, direz-vous, c'est parce qu'il en avait les capacités. Nous connaissons tous des enfants, les nôtres ou ceux du voisin, qui ont beaucoup de mal à suivre en classe ou qui n'y vont chaque matin que parce que l'école est obligatoire. Le plus souvent, ils sont orientés à la fin de la 5e ou de la 3e, traînent de L.E.P. (lycée d'enseignement professionnel) en C.A.P., et passent avec un désarroi insupportable des rangs scolaires aux rangs de l'A.N.P.E.

Parmi ces enfants, lequel n'est pas, dans un quelconque domaine extra-scolaire, « doué » de capacités certaines, que ce soit sur un terrain de foot ou en modélisme dont la difficulté de réalisation est indéniable, ou en bricolage, ou en n'importe quoi d'autre, ce qui fait dire à son entourage : « Ah ! s'il apprenait aussi bien qu'il répare tous mes appareils ménagers, il serait le premier de sa classe ! » ? Eh bien, Antoine de La Garanderie est convaincu que si ces enfants *savaient* comment ils procèdent pour réussir ce qu'ils font avec tant de bonheur en dehors de l'école, ils sauraient l'appliquer là où ils échouent.

Non, ce n'est pas la méthode « y'a qu'à », mais une véritable révolution du fonctionnement mental. Et là où l'enseignant a un rôle irremplaçable, c'est justement dans l'aide qu'il peut apporter à tous les élèves, même – j'insiste – aux meilleurs, dans cette prise de conscience de leurs capacités, dans cette responsabilisation devant ce qui devient très vite une évidence : *je peux réussir*.

Certains n'auront pas envie de faire la démarche. Elle coûte une auto-analyse et une remise en question dont ils ne sont sans doute pas prêts à accepter de payer le prix. Ceux-là resteront, immobiles, en haut de leur estrade pour dispenser à qui voudra – ou pourra – le recevoir, ce savoir qui n'est pourtant pas tombé du ciel.

Les autres, ceux qui cherchent, ceux qui ne veulent pas, ou ne veulent plus baisser les bras devant la désespérance d'une partie de plus en plus grande des enfants qui leur sont confiés, ceux-là rejoindront tous ces enseignants qui, en France et déjà à l'étranger, pratiquent la pédagogie de la gestion mentale dans leur classe.

L'un d'eux dit que « quoi que l'on fasse, on ne pourra plus y échapper » ; un autre, que « même si le seul résultat était le bonheur de la relation nouvelle enseignant-enseigné, cela vaudrait déjà la peine ». Alors, il en coûte un effort, c'est vrai, mais soyons au moins curieux et écoutons ces enseignants, ces parents, ces orthophonistes, ces enfants nous dire pourquoi ils ont été séduits, non par l'homme Antoine de La Garanderie, mais par sa pédagogie toujours en mouvement.

*
* *

Avant d'entrer dans la lecture de ce livre, il faut savoir qu'après chaque entretien ou reportage, Antoine de La Garanderie apporte un éclairage personnel sur ce qui lui semble important dans le récit.

Loin d'être un jugement ou une critique de l'action de ses collègues, ces ponctuations sont là uniquement pour aider le lecteur à repérer les moments essentiels de la pédagogie de la gestion mentale.

Première partie

DE L'ÉCHEC
À LA PÉDAGOGIE

Imbéciles de tous les pays

Château-Gontier, sous-préfecture de la Mayenne, un jour de l'automne 1928. C'est la rentrée scolaire. Devant les grilles encore fermées de l'école Sainte-Geneviève, les enfants attendent, plus ou moins sagement, plus ou moins patiemment, que les portes s'ouvrent. Les « anciens » se reconnaissent, s'apostrophent, se saluent. On pressent l'atmosphère des premières récréations…

Parmi les « bleus », un garçon en culottes courtes, intimidé, qui ne connaît personne. Il regarde ses futurs camarades, admire leur aisance, envie leur facilité de communication. Ce matin-là, Antoine va franchir pour la première fois le seuil d'une école, il n'est pas ému, il est tout simplement terrorisé.

Si seulement il avait six ans, il pourrait tranquillement aller se réfugier chez les tout-petits, ceux de 11e qui ont encore l'âge de ne savoir ni lire ni écrire. Mais il a huit ans, on ne va pas en 11e à cet âge-là ! Il tremble à l'idée de dévoiler tout à l'heure, devant son maître et ses camarades, sa nullité en lecture et écriture. La seule classe qu'il ait jamais fréquentée jusqu'à présent, c'est celle faite par sa mère et une religieuse, dans la maison familiale. Et les résultats…

Les portes de l'école s'ouvrent enfin, il pénètre dans le préau au milieu du troupeau d'enfants chahuteurs. Quelques instants plus tard, le silence est total et il entend résonner son nom, « Antoine de La Garanderie ». Il ordonne à ses jambes de ne pas fléchir et, la tête haute, il rejoint les rangs de la classe de 9e.

Cette première année scolaire ne voit guère s'estomper le malaise permanent d'Antoine : il ne fait jamais un geste, ne prononce jamais un mot sans y avoir été invité par son maître. Il fait tout ce qu'il peut pour donner satisfaction, travaille dur, apprend tout par cœur. Mais, en dépit de ses efforts, il est et reste un élève médiocre et, à la fin de l'année, seule sa sagesse exemplaire sera récompensée : il obtient le premier prix de la division en la matière !

En 8e, il se retrouve dans une classe de quatre élèves. Son institutrice l'appelle souvent au tableau, il travaille toujours autant et continue d'apprendre consciencieusement par cœur. Il passe en 7e sans éclat particulier.

Cette année de 7e est importante à plus d'un titre pour Antoine. Il devient le soliste de la chorale – son instituteur a remarqué sa belle voix de soprano – et, surtout, il découvre sa première passion : le football. Il va consacrer à l'exercice de ce sport l'essentiel de ses loisirs. Gaucher contrarié, chaque shoot du pied gauche le venge voluptueusement de l'obligation qui lui est faite, à l'école et à la maison, d'écrire et de manger de la main droite. Mais jouer au foot, c'est aussi, pour lui, un formidable prétexte pour échapper à un climat familial un peu lourd.

Sa mère, une femme très pieuse, voue à son seul garçon un amour probablement excessif. Les escapades sportives d'Antoine lui sont comme une trahison. Excellente musicienne, elle devient l'organiste de la chorale où Antoine est soliste – une façon astucieuse de le suivre de près… Son père aurait pu être poète, ses études littéraires le destinaient plutôt à l'enseignement qu'aux affaires. Il choisira pourtant d'être banquier et le krach de 1929 aura raison de toute sa famille, qu'il entraînera dans une faillite grandiose.

Dans une petite ville de province, à cette époque-là, on ne pardonne pas à ceux qui échouent. Une famille ruinée est un objet de scandale. Il ne reste plus à monsieur de La Garanderie père qu'à aller chercher fortune ailleurs – dans l'enseignement, pour lequel il a quelque aptitude. Et le voilà à Paris, où sa femme vient très vite le rejoindre.

Et Antoine ? Eh bien Antoine reste, lui, à Château-Gontier, pensionnaire au collège Saint-Michel : « Ma mère estimait que je travaillerais mieux et plus si j'étais enfermé. » Mais ce n'est pas le plus grave : sa mère veut aussi qu'Antoine passe son bac l'année de ses dix-sept ans. Il n'y a pour cela qu'une solution : lui faire sauter la 6e. Antoine se retrouve donc sur les bancs de la 5e. Et il s'effondre.

De ses années de pensionnat, il garde, intact, le souvenir insupportable non pas du régime militaire que la hiérarchie de Saint-Michel imposait aux pensionnaires – lever à cinq heures, froidure des dortoirs et des classes – mais de sa nullité, surtout en latin et en anglais, dont il n'a pas acquis les bases. Son seul réconfort : la rédaction, où il réussit plutôt bien. Mais ce sera insuffisant pour redresser sa moyenne générale lamentable et, en fin d'année, le couperet tombe : il doit redoubler. Au cours de l'été, son père le fait travailler et, à la fin de sa deuxième 5ᵉ, le passage en classe supérieure se fait sans mal.

En cours d'année, ses parents le font venir à Versailles auprès d'eux et il termine sa 4ᵉ à Saint-Jean de Béthune où son père est enseignant. Cahin-caha, Antoine arrive en 3ᵉ. A quinze ans, cet adolescent trop grand pour son âge a, chaque jour davantage, le sentiment d'être un imbécile et un incapable. Heureusement, il y a le foot, et aussi le tennis et le bridge que lui a enseigné un oncle et où il excelle. Mais chaque matin réveille l'angoisse du collège, l'angoisse de l'échec.

A cela est venue s'ajouter une nouvelle angoisse qu'Antoine n'interprète pas encore très bien, c'est juste une impression, mais Dieu ! qu'elle est lancinante : et s'il était « malentendant » comme on dit aujourd'hui ? Il s'en ouvre à ses parents et, ensemble, ils consultent un oto-rhino : « Ce n'est qu'une infection des végétations. On va les enlever et tout ira mieux, vous verrez. » Antoine n'a plus de végétations, mais rien ne va mieux. Toujours au fond de la classe comme ceux qui sont ou trop grands ou trop dissipés, ses résultats sont consternants. « Je me considérais chaque jour un peu plus comme un sombre crétin », se souvient-il. Et il redouble sa 3ᵉ.

A la fin de l'année scolaire, la famille déménage. Le père d'Antoine a obtenu un poste dans un collège qui ouvre ses portes à Boulouris-sur-Mer. Cet établissement à petits effectifs va-t-il enfin être une chance pour Antoine qui en aurait bien besoin ?

Hélas, il n'y a pas encore de classe de seconde et Antoine entre directement en 1re ! Est-il nécessaire de dire qu'il fera trois classes de 1re ? Trois, oui, c'est-à-dire qu'il présentera deux fois de suite sans succès cette première partie de baccalauréat qui sanctionnait à l'époque le passage en terminale. Inutile de dire ses angoisses devant l'ampleur du désastre. Il ne voit qu'une issue à sa situation : entrer dans les ordres !

Ses échecs scolaires sont bien réels, et Antoine a déjà du mal à les vivre. De plus, il est désormais convaincu qu'il est sourd. Il tente bien d'en reparler à ses parents, mais ceux-ci refusent de voir en face une réalité trop douloureuse. Et Antoine reprend, à dix-huit ans et demi, le chemin du lycée, plus désespéré que jamais, plus seul aussi. Comment affronter un nouvel échec, que faire de sa vie ? Le foot, bien sûr, ou le tennis, ou le bridge, dans un autre milieu auraient pu être pour lui l'ouverture toute trouvée. Mais il n'en est pas question. Alors…

Et c'est au cours de cette troisième année de 1re que, soudain, une sorte de miracle se produit en la personne de son professeur de lettres, Pierre Lamy. C'est la première fois que quelqu'un prend *réellement* en compte l'infirmité d'Antoine. Tout ce que Pierre Lamy explique pendant les cours, il le donne par écrit à Antoine. Et c'est le bonheur. Antoine apprend, comprend, apprend encore et, grâce à une confiance toute nouvelle en ses capacités, il décroche sans peine sa première partie de bac.

Antoine a dix-neuf ans, la guerre est là. Il ne peut

poursuivre ses études et se retrouve sous les drapeaux. Mais un soldat sourd, ce n'est pas un soldat, se dit-il. Et il va s'ingénier à se constituer un solide dossier de réforme, qui sera accepté.

De retour en Mayenne, il prépare seul la seconde partie du bac, qu'il décroche avec l'indulgence du jury à l'oral. Passionné de philosophie, il s'inscrit en fac. L'un de ses professeurs l'encourage à continuer. Il se nomme Albert Burloud, et Antoine lui consacrera sa thèse de doctorat. A vingt-quatre ans, il se présente au concours de l'agrégation et c'est là que, pour la première fois, sa surdité est non seulement officiellement reconnue, mais diagnostiquée : il souffre d'une malformation congénitale de l'oreille moyenne de type évolutif, aggravée d'une otospongiose à l'adolescence ! Plus question d'entrer dans l'enseignement public, pour lequel ce diagnostic représente une cause irrévocable d'inaptitude au service.

Mais Antoine n'est pas homme à se laisser abattre : il veut enseigner à tout prix. « M'occuper des jeunes, les aider à s'affirmer en les comprenant et en leur permettant de découvrir leurs ressources, oui, cela fut pour moi un choix. Je n'en conteste pas l'ambiguïté : ce choix était une forme de revanche, il témoignait contre l'erreur et les omissions dont j'avais souffert pendant toute mon enfance et une bonne partie de ma jeunesse. Il s'accompagnait d'une forte dose d'agressivité et d'un certain narcissisme : je saurais bien, moi, éviter aux autres ce que j'avais subi ! » Et Antoine va trouver le supérieur de Saint-Jean de Béthune, où il avait été un élève si médiocre, omet de parler de sa surdité – il sera bien temps de s'en expliquer quand l'occasion se présentera – et entre dans la carrière en 1946.

Dès la première année, il constate qu'il a beau avoir des élèves de milieu homogène, qui désirent réussir leurs études, qui ont de la volonté et une intelligence égale, les résultats scolaires sont très différents de l'un à l'autre. Ce constat est le point de départ de la réflexion qui le conduit à prendre ses élèves en dehors des heures de classe, le vendredi soir, par groupes de huit.

Il leur demande de faire leur dissertation devant lui et leur dit : « Vous allez faire comme si je n'étais pas là. Ne cherchez pas à avoir une bonne méthode, qui serait celle que vous me prêteriez, faites comme vous avez l'habitude de faire. Mais permettez-moi, de temps à autre, de venir m'asseoir auprès de vous pour vous demander où vous en êtes. »

Il ne se contentait bien sûr pas de leur demander où ils en étaient : ensemble, ils faisaient un bilan de ce qui s'était passé en eux pendant un quart d'heure, comment ils s'y étaient pris *mentalement*. Et le maître constata que les élèves procédaient différemment : il y avait celui qui faisait tout de suite sa dissertation au propre ; celui qui éprouvait le besoin indispensable de faire un plan ; celui qui allait à la recherche des idées et écrivait, écrivait… C'étaient là les trois tendances dominantes auxquelles se rattachaient toutes les autres.

A l'époque, le professeur de philo avait le plus grand nombre d'heures d'enseignement de la classe de philosophie et, en qualité de professeur titulaire, il ramassait tous les mois toutes les notes et les appréciations des collègues. Antoine de La Garanderie fut très frappé de constater que les élèves qui fonctionnaient d'une certaine façon présentaient toujours les mêmes facilités et les mêmes difficultés : celui qui procédait par plan réussissait toujours dans les mêmes matières, échouait toujours dans les mêmes matières. Et il crut alors discerner des structures mentales opératoires qu'il fallait identifier, des manières d'opérer qui n'étaient pas sans raison d'être *mentales*.

Soucieux de donner à ses élèves des conseils conformes à la manière dont ils s'y prennent plutôt que d'imposer sa propre méthodologie, il s'attache surtout aux qualités dont témoignent les élèves dans leur procédé : l'élève qui fait ses dissertations au propre a toujours, par exemple, une certaine logique interne dans le développement, un certain style du mouvement, souvent une façon pénétrante de traiter le sujet. Et il bute aussi toujours sur les mêmes difficultés : quelquefois une partie du sujet n'est pas traitée, ou l'élève s'égare hors sujet, ou il s'arrête et ne sait plus quoi dire. Et Antoine de La Garanderie s'aperçoit qu'il lui suffit de dire à l'élève qui a le nez – et la plume – en l'air, en pleine incertitude : « Si vous relisiez ce que vous avez écrit, cela vous aiderait peut-être à poursuivre ? » pour que l'élève, en effet, reparte. Le professeur l'a tout simplement remis dans la ligne.

L'élève qui fait un plan a, lui, de grandes qualités de méthode, mais ses difficultés sont toujours les mêmes : il a du mal à développer, il ne trouve pas les mots. D'ailleurs, Antoine de La Garanderie constate que les observations des professeurs, en seconde ou en 1re, portent déjà témoignage de ces difficultés : « Vous ne savez pas argumenter », « Le plan est solide et bon, mais vous répétez toujours la même chose» «Manque de contenu, de couleur.»

Pour Antoine de La Garanderie, ce n'est pas l'effet du hasard, ce comportement est bien lié au mode de fonctionnement mental. Mais comment faire pour apporter son concours à ces élèves sans les briser par une méthode imposée et, surtout, sans annihiler leurs qualités?

Antoine de La Garanderie, au cours de ces premiers «entretiens pédagogiques», va tenter de découvrir avec ses élèves la manière dont ils s'y prennent pour réfléchir ou pour mémoriser. Et, à partir du moment où ils parviennent à formuler leur méthodologie personnelle, tout semble plus facile: *je sais comment je mémorise, je peux donc me donner les moyens de mémoriser.* La pratique donnera très vite de bons résultats.

En 1951, il est appelé à Sainte-Geneviève pour enseigner la philosophie en classes préparatoires puis, en 1954, il obtient un poste d'assistant à l'Institut catholique – la «Catho». Partout, il devient la coqueluche de ses élèves et étudiants. Certains se souviennent, aujourd'hui encore et avec netteté, de ce jeune professeur pour le moins original qui n'hésitait pas à proclamer haut et fort dans un amphi bondé: «J'ai une devise: Imbéciles de tous les pays, soulevez-vous, car le jour où les imbéciles auront pris conscience de leur imbécillité, il n'y aura plus d'imbéciles sur terre.» Ce n'était ni un canular ni une boutade: Antoine de La Garanderie exprimait là ce qui allait devenir sa philosophie de vie.

Ce jeune prof, grand, très grand, au regard malicieux et vif, qui porte constamment sa main à l'oreille pour ne rien perdre des propos de ses interlocuteurs, qui fait rire ses étudiants tout en les passionnant, imaginons-le un instant dans l'atmosphère feutrée de la « Catho » en ces années 50 ! Comment s'étonner alors que ses collègues regardent avec une curiosité teintée de suspicion cet hurluberlu qui attire à ses cours du mardi même des étudiants venus d'« ailleurs », ce prof pas comme les autres, qui refuse de jouer le jeu de la hiérarchie, de l'autorité, du Savoir avec un grand S, qui est exaspéré, consterné, ulcéré par les conseils que ses aînés lui prodiguent : « Donnez donc à vos étudiants des dissertations si compliquées que personne ne les prendra. Vous aurez moins de travail, croyez-moi ! » Ou encore : « Vous voulez avoir la paix avec vos étudiants ? Prenez-en un au hasard en début d'année et humiliez-le publiquement. Les autres se tiendront à carreau ! »

Antoine, lui, a une autre idée de son rôle : il est là pour que tous réussissent. Et il le clame, toujours aussi crûment : « Il n'y a pas, parmi vous, d'éléments supérieurs et inférieurs. Un seul parmi vous échouerait, et ce serait pour moi l'échec de tous. Je suis là non pas pour vous écraser, mais pour vous donner les moyens de réussir. »

A l'aube de la quarantaine, Antoine « entre » en psychanalyse. Il se remet sérieusement en question et prend conscience de ces choses aussi enfouies que douloureuses qui l'ont conduit là où il est. Il s'autorise enfin à affirmer que sa surdité a bien été la cause essentielle de toutes ses difficultés. L'aveu peut sembler évident, il lui a coûté des années de divan.

C'est en ces années-là aussi que, pour la première fois, il est appareillé. Il a, rappelons-le, une quarantaine d'années ! Techniquement, son premier appareil est loin d'être parfait, mais quel bonheur de découvrir enfin une qualité de vie insoupçonnée jusque-là !

D'année en année, Antoine est toujours plus convaincu qu'il y a, chez chacun d'entre nous, une façon particulière d'appréhender le savoir, de mémoriser, de réfléchir. Il se persuade que, s'il arrivait à déceler les multiples façons de travailler, une méthodologie s'en dégagerait qui permettrait au plus grand nombre de réussir. Mais pour prouver ce qui n'est encore qu'une intime conviction, il a besoin de l'étayer par des observations systématiques.

Il demande au recteur de Sainte-Geneviève l'autorisation de s'entretenir avec deux groupes de cracks. Pourquoi des cracks ? Ce ne sont pas leurs « aptitudes » qui intéressent Antoine – « L'inné ne peut être qu'un résidu d'analyse, jamais le fruit d'un principe, dit-il. On ne saura qu'une chose est innée que lorsqu'on aura épuisé tous nos modes d'investigation. » Non, chez ces brillants sujets, ce qu'Antoine de La Garanderie veut comprendre, c'est leur méthode de travail.

Entre eux et lui, très vite, un « dialogue pédagogique » s'instaure qui durera toute une année. Très vite aussi, ces très bons élèves à qui tout semble réussir se prennent au jeu. Disséquer leur processus de raisonnement, de mémorisation, de réflexion, en un mot, d'apprentissage, c'est une tâche nouvelle qui les intéresse et les passionne.

Tous ensemble, ils s'accordent à reconnaître que

leur premier succès scolaire a certainement constitué l'élément déterminant des succès suivants. Cela signifie-t-il qu'au moment où ils apprennent une leçon, ils se mettent déjà dans les conditions de la réciter ou de l'expliciter ? En d'autres termes, ces futurs élèves de grandes écoles sont-ils mentalement dans des conditions de concours dès qu'ils effectuent les tâches les plus simples – prise de notes, analyse, etc. ?

La confrontation des méthodes de travail de deux cracks de Maths Spé est, à ce propos, éclairante : l'un fait corps avec ce qu'il apprend : « J'intègre le discours du prof, dit-il, je deviens ce discours qui subira des altérations, se nuancera, s'enrichira à mesure que d'autres éléments viendront s'y agréger. » Mais, souligne-t-il, il ne se voit jamais en action.

Pour l'autre, c'est tout le contraire : « Ce que je lis est posé devant moi. Je campe mon personnage pour bien le jouer. Je suis pratiquement toujours mon propre spectateur. » Le premier est meilleur en analyse, il aime condenser, ramasser : « Je manie tout dans ma tête. J'ai besoin de marcher pour mettre mes idées en place et, souvent, pour avoir des idées. » Le second est, incontestablement, un géomètre, il a besoin d'un espace avec des points de repère : « J'écris ce que j'ai à faire ou à apprendre sur une feuille, ou un tableau. Je ne peux avancer sans cela. »

Pendant que les uns et les autres confrontent leurs méthodes, Antoine de La Garanderie prend des notes sur leurs procédés et leurs « habitudes mentales ». Il trouve là une application des leçons de certains philosophes, lues ou entendues. Bachelard par exemple, dont il a suivi les cours, n'a-t-il pas affirmé que « plus l'intelligence progresse, plus elle donne de signification à l'être » ? Serait-ce vérifiable en pédagogie ? Autrement dit, ajoute Antoine, « plus j'accorde de qualités à l'élève, plus je suis dans la vérité. Ses ressources, ses capacités d'intelligence sont réelles. Si nous avons à leur égard une attitude malthusienne, c'est seulement en raison de l'insuffisance de nos connaissances en la matière » !

Et comment sa foi de chrétien ferait-elle bon ménage avec le malthusianisme ? « Un Dieu bon, un Dieu parfait, s'il a créé le monde, ne peut l'avoir fait avec des surhommes d'un côté et des sous-hommes de l'autre. Cela ne me semble pas conforme à l'idée que je peux me faire de la générosité de Dieu ! Nous autres chrétiens, nous accepterions le principe matérialiste de Darwin, cette concurrence pour la sélection des plus aptes ? Nos écoles s'appuieraient sur ce type de philosophie ? C'est une réelle incohérence ! »

La lecture de saint Thomas d'Aquin l'a convaincu par ailleurs qu'« il n'y a pas de pensée sans image ». Les philosophes contemporains, de Heidegger à Sartre, lui ont appris qu'il ne saurait y avoir de conscience ni d'intelligence, y compris en sciences, sans projet. Compréhension des ressources mentales de chacun, images, projets : le canevas de ce qui n'est pas encore une méthode, mais déjà bien plus qu'une simple intuition, est esquissé. Cependant, ses certitudes ont beau être de plus en plus fermes, Antoine de La Garanderie doit encore trouver le moyen de les affirmer et de les vérifier.

Il se remet donc plus activement que jamais au travail. Après les cracks, il va explorer du côté des élèves en difficulté. Huit élèves de 3e en situation d'échec scolaire vont, des heures durant, lui parler de l'apprentissage de leurs leçons, de la réalisation de leurs devoirs, de leur écoute en classe. Être en situation d'échec scolaire, c'est, pudiquement, ne pas être à niveau. C'est ne pas être capable de raisonner, de mémoriser, d'apprendre. Il y a, dans toutes les classes du monde, des éléments « en situation d'échec scolaire ». Ils sont souvent, pour leurs camarades, l'exemple à ne pas suivre et, pour les professeurs, les empêcheurs d'avancer en cadence. La scolarité obligatoire nous les a rendus encore plus familiers... Mais ce n'est pas parce que certaines vedettes du disque ou du petit écran se vantent facilement d'avoir été des cancres que la situation est plus facile à vivre !

Là encore, il n'est pas question pour Antoine de proposer une méthode pédagogique, mais d'amener chaque élève à prendre conscience de la façon dont il procède dans sa tête. Les enfants en difficulté n'aiment pas parler de leurs difficultés. Antoine leur propose donc de parler des choses qu'ils aiment faire en dehors de l'école, et de décrire leur manière de faire.

Les confrontations sont animées, Antoine se contente de relancer les dialogues. Son seul but n'est-il pas de faire comprendre à chacun qu'il peut mieux apprendre ses leçons, être plus attentif, ou exercer sa mémoire, en procédant de la même façon que lorsqu'il joue au foot, ou qu'il construit des maquettes ?

A la fin de l'année, après des heures d'entretiens, Antoine de La Garanderie aura réussi à faire prendre conscience à ces huit élèves de leur procédure et, par conséquent, des causes de leurs échecs et de leurs réussites. Le dialogue ouvert, les échanges entre camarades les ont conduits à une nette amélioration de leurs résultats.

Mais ce n'est pas tout : ils ont retrouvé confiance en eux et sont désormais convaincus qu'ils ont les moyens de réussir. Sur les huit, sept termineront leur scolarité sans redoubler et décrocheront leur bac. Antoine de La Garanderie se refuse – et il a raison – à en tirer une conclusion pédagogique hâtive. Mais quelle qu'ait été la part de cette démarche dans leur avenir scolaire, qui pourrait soutenir qu'elle ne leur a pas été bénéfique ?

Les dossiers d'observations s'accumulent. Antoine a maintenant besoin de s'attaquer au gros morceau : les profs. Ils sont indispensables à sa recherche. Il réunit une équipe de volontaires, professeurs et instituteurs, qui acceptent de redevenir un an durant, trois heures par semaine, de studieux élèves. Ils doivent apprendre des leçons par cœur, écouter un exposé et en tirer un compte rendu, faire des dissertations, chercher la solution de problèmes de maths ou lire un livre technique qui ne relève aucunement de leur compétence, tout en demeurant attentifs à ce qui se passe alors dans leur tête. Chacun a sa propre méthode de travail, qui est à définir, et il importe de savoir le rôle qu'elle joue dans sa méthode d'enseignement. Et Antoine observe, écoute, note.

Des enseignants lorrains décident de mettre pour la première fois en application ce qui a déjà l'apparence d'une pédagogie : ils réunissent des groupes d'élèves et, avec eux, réfléchissent au fonctionnement de l'attention, de la mémorisation, de la compréhension. Les uns et les autres s'y mettent avec une ardeur croissante.

Antoine de La Garanderie rencontre chaque semaine ces pionniers de la « pédagogie de la gestion mentale », il les aide à aller plus loin et leur donne les moyens d'aider toujours mieux les élèves. Il a, depuis le temps qu'il la pratique, une déjà longue habitude de l'entretien pédagogique, il sait l'importance des images « dans la tête », il connaît aussi les procédés « verbaux », utilisant le discours mental au lieu de l'image. Mais il n'a pas encore de conclusions à ses travaux, il lui manque toujours un morceau du puzzle.

Un après-midi, au cours d'une discussion avec ses collègues dans le beau paysage lorrain du lac de Gérardmer, soudain, Antoine de La Garanderie se frappe le front. Eurêka ! Il vient de trouver ce qu'il cherche depuis si longtemps ! Ses collègues racontent qu'il répétait sans cesse : « Mais qu'est-ce que je suis bête, comment peut-on être aussi bête ! »

Pour saisir l'importance de ce qu'il vient de comprendre, il nous faut maintenant prendre le temps de l'écouter raconter l'histoire de sa recherche. Parfois, vous aurez comme moi l'impression de patauger, d'être « largué ». N'abandonnez pas pour autant, écoutez-le décrire les « gestes mentaux », l'attention, la réflexion, la compréhension, la mémorisation, toutes ces choses que nous pensions spontanées et qui sont pourtant régies par des lois réelles. Très vite, vous prendrez le pli de vous arrêter pour vous demander comment, oui, *comment* vous faites tout cela depuis que vous êtes au monde. Le résultat est surprenant.

Ni une recette ni un truc

« L'approfondissement de mes observations, raconte maintenant Antoine de La Garanderie, m'a conduit à réaliser que notre adaptation aux tâches – qu'elles soient techniques, manuelles, artistiques ou intellectuelles – passe par des conditions mentales très précises. En un sens, toutes proportions gardées et sans prétendre établir de comparaison, ma démarche a été analogue à celle que Claude Bernard a entreprise au XIXe siècle : dans son *Introduction à l'étude de la médecine expérimentale*, il n'étudie pas les causes des maladies, mais les conditions du fonctionnement de l'organisme vivant. J'ai consacré ma vie à étudier non pas les causes de l'échec, mais les conditions du fonctionnement mental.

Et il est vrai qu'à force d'observer, je venais de trouver ce que j'appelle une vérité pédagogique élémentaire : il n'y a pas de compréhension, il n'y a pas de mémorisation sans codage mental, sans projet.

Qu'est-ce que le "codage mental" ? C'est, tout simplement, les images que nous fabriquons dans notre tête à chaque fois que nous accomplissons un geste mental – l'attention est un geste mental, la réflexion, la mémorisation, la compréhension, l'imagination aussi. Et chacun fabrique les images – ou évocations – qu'il veut : elles peuvent être "visuelles" – dans ce cas, c'est la représentation de ce que nous avons à apprendre, ou à comprendre, ou à mémoriser –, ou "auditives" – une image auditive est un discours mental : on "se parle" les images dans sa tête, on se les répète verbalement, ou on les réentend.

Les visuels et les auditifs composent les deux grandes "familles pédagogiques" : ils utilisent leur propre forme d'image, auditive ou visuelle, qui constitue une "habitude évocative" de "voir" ou de "se dire" dans sa tête : c'est cette habitude évocative que j'ai appelée la "langue pédagogique maternelle".

Pourquoi maternelle ? parce qu'elle s'est installée dans notre vie mentale en même temps que le processus de la réflexion. C'est à ce moment-là que nous contractons l'habitude de "voir", ou d'"entendre", et nous n'y songeons plus jamais par la suite.

Pour apprendre ou pour comprendre, nous avons tous besoin de nous fabriquer nos images mentales. Vous êtes dans un autobus et vous voyez défiler des panneaux publicitaires : vous êtes en état de perception, et si l'on vous demandait de décrire les panneaux, ou de donner un ou deux noms d'annonceurs, vous en seriez bien incapable. C'est normal, vous verrez pourquoi tout à l'heure.

Remontez dans l'autobus : les panneaux continuent de défiler dans un flou de couleurs et de lettres quand, soudain, quelque chose accroche votre regard – un mot, un visage, un graphisme particuliers. Aussitôt, vous fabriquez dans votre tête des images mentales – visuelles si vous revoyez dans votre tête, auditives si vous procédez à un discours mental.

Que s'est-il passé dans le deuxième cas de figure ? En fabriquant des images mentales, ou *évocations*, vous avez tout simplement mis votre intelligence en marche. Entre la simple perception des panneaux publicitaires, et leur concept, vous avez placé le moteur indispensable que représente l'image mentale. La perception ne laisse pas de trace, alors que le geste mental, lui, s'accompagne d'images mentales.

Si je veux savoir comment je fonctionne mentalement, je dois explorer ma vie mentale. Pour cela, le seul moyen est de pratiquer une introspection : je m'interroge pour comprendre *comment* je suis attentif, *comment* je réfléchis, *comment* je mémorise, etc. Et ce n'est qu'à partir de cette connaissance de ma propre démarche que je pourrai aider les autres à appréhender la leur. A partir du moment où moi, enseignant, je connais les moyens qui me permettent d'être bon en orthographe, ou en mathématiques, ou en dissertation, je suis en mesure de les enseigner à mes élèves. C'est en donnant à mes élèves l'intelligence de leurs moyens que je leur donnerai les moyens de leur intelligence.

Mais à quoi servent ces images auditives ou visuelles que je fabrique ? Elles sont la "matière" de tout geste mental, elles l'alimentent. C'est dire leur importance dans l'accomplissement de tout geste mental. Or, paradoxalement, l'école est le seul lieu d'apprentissage où l'on demande d'exécuter des gestes – le plus souvent sur un mode impératif : "Faites attention !", "Réfléchissez !" – sans donner de mode d'emploi. Personne n'a jamais songé à décrire, ou à montrer, le geste de l'attention, de la mémorisation, de la réflexion…

Imaginerait-on de demander à un enfant de jouer du violon sans lui montrer comment il doit poser ses doigts sur les cordes ou tenir l'archet ? Quand on achète un appareil quel qu'il soit, ne lit-on pas le mode d'emploi avant de s'en servir ? Alors, comment concevoir que l'on puisse utiliser l'appareil le plus complexe qui soit, notre cerveau, si l'on ignore tout de son fonctionnement ? Et comment s'étonner que sa mise en route dans ces conditions conduise, sauf heureux hasard, à des échecs catastrophiques ?

Un geste mental est une structure opératoire qui a besoin de prendre appui sur des contenus visuels ou auditifs pour s'activer, pour s'opérer. Si ce geste reste au plan de la perception, s'il ne s'accompagne pas du *projet* d'avoir des images mentales, il ne pourra pas être accompli. Reprenons l'exemple de l'autobus : à partir de quand avez-vous fait le geste de l'attention ? Eh bien, tout simplement à partir du moment où vous avez eu le *projet* de vous donner en image mentale ce que vous étiez en train de percevoir.

Tout geste mental s'accompagne donc d'un projet. Qu'est-ce que réfléchir, sinon avoir le projet d'appliquer à un problème donné des lois et des règles que nous évoquons dans notre conscience par le moyen d'images visuelles ou auditives ? Mémoriser, c'est encore avoir le projet d'utiliser, dans un avenir esquissé grâce à des évocations, ce que l'on veut acquérir. Imaginer, c'est avoir le projet de modifier des réalités qui ne sont pas perçues, ou de les transformer, ou de les supposer, ou encore d'inventer des objets par des constructions inédites – toujours à l'aide d'évocations visuelles ou auditives.

Prenons un autre exemple. Je regarde ce vase : je suis en situation d'attention et j'ai pour projet de mettre ce vase “dans ma tête” pour me le “redonner” sous forme d'évocations. Je regarde le vase, puis je regarde, ou je réentends, l'image que j'en ai “dans ma tête”. Tant que mon évocation n'est pas parfaitement codée, je fais autant de va-et-vient entre ma perception et mon évocation qu'il m'est nécessaire. En faisant cela, je me trouve dans ce que j'appelle “l'imaginaire du présent”. Le geste mental de l'attention consiste donc à faire exister l'objet que je perçois sous forme d'image mentale.

Maintenant, je regarde ce vase mais en sachant que j'aurai à le dessiner en classe, demain. Avec des mots (le vase est bleu, il est arrondi, le col est légèrement évasé, etc.), ou en le revoyant dans ma tête, je vais m'imaginer en train de le dessiner. Je suis dans une situation de mémorisation : elle implique que je me serve de mes évocations dans ce que j'appelle “l'imaginaire d'avenir”. Et c'est cette structure de projet d'avenir qui permet ma mémorisation.

Pour bien coder mon projet, je dois être capable de répondre à une situation en ne m'aidant plus que de mes évocations. C'est dire l'importance du codage mental. Sans cet imaginaire d'avenir qui me prépare à exécuter une tâche, il n'y a pas, il ne peut y avoir mémorisation.

Nous sommes là au cœur de cette pédagogie des moyens d'apprendre, que j'ai appelée “pédagogie de la gestion mentale". Pourquoi cette expression ? Pourquoi "gestion" et pourquoi "mentale" ? *Gestion :* il s'agit de gérer au mieux le bien que représente tout savoir et, pour cela, d'utiliser des *gestes. Mentale* : cet adjectif définit la nature de ces gestes.

Tout geste mental relève d'une structure opératoire très précise. On croit trop souvent – à tort – que si le message de l'enseignant est de bonne qualité, ou si les élèves sont "attentifs", cela suffit pour que le message soit enregistré – c'est-à-dire mémorisé, ou compris. Il n'en est rien et si l'enseignant n'est pas en mesure de décrire les structures opératoires de chaque geste mental, en d'autres termes de dire "comment" on est attentif, "comment" on réfléchit, etc., les élèves ne sauront pas comment acquérir le savoir. L'enseignant doit les mettre en situation d'écouter et de regarder, pour redire, ou revoir dans leur tête, pour coder mentalement.

On s'est souvent laissé aller à comparer l'ordinateur électronique à l'ordinateur cérébral. Or il y a des différences fondamentales : si le premier est matériellement disponible pour traiter les données entrées et déclencher les opérations conséquentes, l'autre a besoin, pour exécuter la même tâche, de mettre en place des codages explicites, conscients, intentionnels. Pour regarder ou écouter, il faut avoir le projet de mettre dans sa tête, de représenter ce qui est présenté. Quand l'élève a compris cela, il demande conseil à son maître, ou confronte sa façon de faire avec celle de ses camarades. Et chacun trouve son profit dans le "dialogue pédagogique" qui s'instaure dans la classe.

Pourquoi ne pas imaginer un cours programmé sur cassettes vidéo, où l'enseignant ne perdrait plus son temps à exposer son cours mais, aux côtés de ses élèves, leur apprendrait à apprendre ? Ensemble, ils écouteraient le cours et le maître montrerait comment les élèves peuvent s'en saisir et en tirer profit. Dans une telle perspective, l'enseignant serait vraiment rendu à son rôle qui est, bien sûr, de communiquer un savoir mais, surtout, de donner à ses élèves les moyens de l'acquérir. Il faut le dire : quand un élève s'affirme méthodologiquement, il acquiert la condition fondamentale du développement de sa personnalité.

Il est possible, dès la maternelle, d'apprendre aux enfants à coder mentalement sur les tâches les plus simples. Donnez-leur à regarder une image et demandez-leur s'ils peuvent la revoir “dans leur tête”. Bien peu y parviennent, certains ne voient rien dans leur tête. Vous devez alors les aider à se fabriquer des évocations, sans vous inquiéter de savoir si elles sont visuelles ou auditives – chaque enfant choisit celles qui lui conviennent.

Mettez-les ensuite en situation de tâche : dessiner l'animal ou l'objet représenté. Vous pouvez les aider en leur demandant s'ils se souviennent de ce qu'on fait dans sa tête avant de redessiner, s'ils revoient ou réentendent dans leur tête. Mis en situation de codage mental, l'enfant acquiert la maîtrise de ses évocations et, par conséquent, la maîtrise de ses gestes. Sans cette maîtrise, il risque de rester dépendant de l'objet qu'il regarde. L'autonomie de sa réalisation passe nécessairement par son codage mental.

Autre exemple, que l'on peut appliquer aussi bien en maternelle qu'à tout âge : on veut faire chanter les enfants mais certains n'arrivent pas à chanter juste.

Que puis-je faire ? Je vais faire les gestes qui reproduisent la hauteur des sons et je leur dis de les mettre dans leur tête, de se donner les images. A aucun moment je ne chante l'air. Ensuite je leur demande s'ils sont capables de voir dans leur tête les gestes qui représentent l'air et je m'assure qu'ils les voient bien en en demandant l'exécution. Sur les images visuelles de ces gestes qui correspondent, rappelons-le, à la hauteur des sons, *les enfants qui n'ont pas d'oreille vont pouvoir l'acquérir*. Essayez, mettez-vous à la tâche : vous pourrez constater qu'il y a là une réponse à une question qui se traitait très souvent en termes d'aptitude – donc en termes d'échec.

Mais, me direz-vous, comment cela se passe-t-il plus tard, dans le primaire par exemple, quand il s'agit d'orthographe, ou de calcul mental ? Imaginons un cours d'orthographe d'usage dans une petite classe : le maître choisit un mot qu'il écrit au tableau et, à côté, il fait un dessin qui représente le mot. Prenons pour exemple le mot *pomme* et suivons le cours :

– Vous allez regarder le tableau pour voir la pomme dans votre tête, dit le maître. Maintenant, fermez les yeux. Voyez-vous la pomme dans votre tête sans regarder le tableau ? Arrivez-vous à voir le mot *pomme* soit en voyant le dessin de la pomme, soit sans le voir ?

Le maître cache à ce moment-là le tableau et interroge :

– Toi, tu vois le mot *pomme* dans ta tête ? Non ? Tu ne vois rien dans ta tête ? Que tous ceux qui ne voient rien dans leur tête m'écoutent et se redisent dans leur tête ce que je vais dire : *pomme*, P-O-M-M-E.

On se redit : *pomme*, P-O-M-M-E. On recommence.

Écoutez-moi pour vous redire ensuite dans votre tête. Ou pour réentendre ma voix dans votre tête. Maintenant, écoutez votre camarade qui vous dit *pomme* pour vous le redire dans votre tête, ou réentendre sa voix. Vous y êtes ?...

Maintenant, on épelle le mot sans regarder : *p-o-m-m-e*. On recommence : on regarde le mot puis on l'épelle sans le regarder. On l'écoute, et on le répète dans sa tête. A présent, vous écrivez le mot sur votre ardoise, soit en le revoyant dans votre tête, soit en vous le redisant.

Voilà le déroulement classique d'une leçon d'orthographe d'usage dans une classe qui fonctionne en gestion mentale. Et ce sera la même chose s'il s'agit d'une dictée. Ce qui est extraordinaire, c'est que les maîtres vous disent qu'avec cette méthodologie ils n'ont plus de dysorthographie dans leurs classes !

J'ai eu maintes fois l'occasion d'assister à des classes expérimentales dans le primaire et j'ai, entre autres souvenirs, celui d'un cours élémentaire 1re année (CE 1) où la maîtresse faisait travailler ses élèves – en grande majorité non francophones – sur le thème de la boulangerie. Elle avait écrit au tableau tous les mots s'y rapportant, que les enfants lisaient à haute voix ou épelaient. Puis elle a effacé tous les mots et demandé aux enfants d'écrire ceux dont ils se souvenaient.

Après un certain temps, j'ai moi-même relevé les ardoises et constaté que non seulement les mots avaient été codés par tous les enfants, mais qu'ils étaient bien écrits et sans la moindre faute d'orthographe. Ce n'est pas un miracle, ni un hasard : c'est tout simplement parce que les enfants avaient participé à leur apprentissage et qu'ils s'étaient sentis responsables de leurs acquisitions. Combien, parmi eux, auraient été mis en situation d'échec dans une pédagogie classique d'apprentissage de la lecture ? Combien auraient été orientés vers une classe dite d'"adaptation" ? Si les maîtres voulaient bien appliquer des principes aussi simples, qui sont ceux de la gestion mentale, ils auraient les moyens de faire reculer l'"anormalité" d'enfants pourtant tout à fait normaux !

Les exemples que je vous ai donnés peuvent paraître simples, ce ne sont après tout que des mots à mettre "dans sa tête". Mais il peut bien s'agir de règles de grammaire, de trigonométrie, ou de l'apprentissage d'une langue étrangère : ce sera toujours la même structure. L'essentiel de cette pédagogie réside dans les trois étapes suivantes :

I – L'élève est mis en situation de projet d'évoquer. Au cours de cette première étape, l'enseignant présente le message qu'il veut faire coder sous les deux formes, visuelle et auditive. Pour les visuels, le message est inscrit au tableau, ou sur une feuille, ou sur tout autre support. Pour les auditifs, l'enseignant redit plusieurs fois le message en respectant des intervalles de silence pour laisser aux élèves le temps de le répéter mentalement.

II – L'enseignant accorde à ses élèves un temps de codage mental au cours duquel ils fabriquent les évocations de leur choix.

III – L'enseignant contrôle et le projet et l'évocation.

Les premiers temps, cette discipline peut sembler astreignante, mais lorsque les élèves se sont familiarisés avec ce processus de codage mental, lorsqu'ils ont de l'entraînement, ils évoquent spontanément, même si l'enseignant va très vite. Ils sont continuellement en projet et ils codent, ils codent, ils codent à toute allure. Parfois, ils s'aident d'un mot, d'un signe, d'une analogie quelconque – des points de repère – mais la démarche n'est même plus explicite, elle devient implicite.

Une fois acquise, cette pratique est finalement assez simple et vous pouvez l'appliquer à n'importe quelle occasion, en famille par exemple. On considère trop fréquemment que l'école et la famille sont deux champs distincts où chacun garde jalousement ses prérogatives : à l'école reviendrait la formation de l'intelligence, à la famille, celle des sentiments. Eh bien, je soutiens que la formation de l'intelligence, de la réflexion, de l'attention, de tout ce que l'on appelle les facultés “cognitives”, relève de l'exigence éducative de la famille et ce, dès le plus jeune âge.

Si les parents savaient à quel point la pratique des évocations est essentielle, s'ils entraînaient leurs enfants en leur demandant de revoir ou de redire dans leur tête ce qu'ils voient ou entendent, s'ils les préparaient sans cesse à dire ou à faire, les enfants développeraient considérablement leur potentiel intellectuel.

Il ne s'agit pas, ici, de demander aux parents d'empiéter sur le rôle de l'enseignant, mais de mettre leurs enfants en situation de projet d'évoquer et de leur faire faire du codage mental. Quand ? Mais en toute occasion : quand ils regardent une émission de télévision, quand ils se promènent, quand ils vont faire une course. Comment ? En les mettant en projet d'avoir à redire, ou à revoir dans leur tête ce qui leur est présenté.

Prenons l'exemple des courses : plutôt que de faire

appel à la liste écrite qui ne sollicite aucun effort de la part de l'enfant, mettons-le en projet d'avoir à se rappeler les divers éléments de la liste, amenons-le à les évoquer mentalement. Imaginons une liste composée d'un kilo de farine, de mousses au chocolat, de lait, d'un paquet de café et d'un kilo de mandarines. L'enfant doit se rendre dans un supermarché où il trouvera tous ces articles. On peut parler des couleurs et l'amener à des évocations par analogie (la farine et le lait, blancs ; le café et les mousses au chocolat, noirs). La dernière étape dans le supermarché – la caisse – correspond à la dernière étape d'un repas – le dessert, donc les mandarines. On peut aussi choisir d'évoquer le chemin à parcourir : de droite à gauche, ou en formant un *S*, ou un *A*, selon l'emplacement des rayons.

Les parents n'ont pas à savoir si l'enfant "voit" ou "entend" dans sa tête : à lui de choisir son type d'évocation. Seul compte le processus à déclencher pour que l'enfant se mette en projet de gérer sa liste. Il est rare qu'en procédant de la sorte, sur un mode ludique, l'enfant oublie un seul article.

En promenade, ou devant un poste de télévision, il suffit de mettre également l'enfant en projet d'avoir à raconter pour qu'il code mentalement, en même temps qu'il vit l'événement. Et il pourra raconter ce qu'il a vu au lieu de se laisser envahir par des perceptions aussi nombreuses qu'inutiles. En agissant ainsi, il acquiert les mécanismes de base qui lui permettront d'être adapté à une tâche scolaire quelle qu'elle soit.

Il nous est arrivé à tous d'être qualifiés d'"élève inattentif". Mais sait-on ce qu'est l'acte d'attention ? Quand j'étais élève et qu'un professeur me disait :

"Soyez attentif !" que se passait-il dans ma tête ? Eh bien, je me disais : il faut que je sois attentif, il ne faut pas que je me laisse distraire. J'obéissais, certes, mais si le professeur me disait ensuite : "Répétez ce que je viens de dire", j'en étais incapable ! J'avais bien été attentif pourtant…

Dans *On a marché sur la Lune*, au moment où le moteur qui assure la pesanteur artificielle ne fonctionne plus, les deux Dupond flottent dans l'air et Tintin, qui est sur le point de remettre le moteur en marche, recommande : "Surtout tenez-vous bien !" Les deux Dupond s'agrippent aussitôt l'un à l'autre et quand le moteur se remet en marche, ils ramassent une pelle… "Pourtant, on se tenait bien", gémissent-ils. "Oui, mais à quoi ?" leur demande le capitaine Haddock.

Il en va de même de l'attention : j'étais attentif, mais à quoi ? A ma seule volonté de l'être. Personne ne m'avait expliqué le geste mental de l'attention qui est de dire, tout simplement : *regarde*, pour te redonner dans ta tête ce que j'écris au tableau ; *écoute*, pour te redire dans ta tête, ce que je vais dire. En situation de projet de se redonner, l'élève prend alors l'attitude mentale de tendre vers la chose donnée. Le vrai geste de l'attention est celui qui ouvre le cerveau sur ce qu'on va lui communiquer.

Dans les classes qui fonctionnent en gestion mentale, les enseignants n'ont pas besoin d'utiliser le mot "attention" pour rendre les élèves attentifs ; nous leur disons simplement ce qu'ils ont à faire mentalement pour rendre le geste opératoire.

C'est dans la même ligne que se pose le problème de la compréhension : vous vous trouvez en face d'un texte à lire, plus ou moins difficile. Si vous vous dites : je vais le lire dix fois, je vais même le recopier pour tenter de le comprendre, c'est, dirai-je, égal à zéro.

Nous nous sommes tous trouvés en présence d'un texte à lire qui relève de notre spécialité, mais qui présente une certaine difficulté en raison de sa nouveauté. Nous commençons à le lire et, tout à coup, nous nous arrêtons : nous n'y comprenons rien. A ce moment-là, nous recommençons notre lecture et nous tentons de nous donner des images qui correspondent au texte, ou nous le commentons : nous nous mettons alors en situation de l'évoquer, de le prolonger par des évocations. Et c'est au niveau de l'évocation que nous allons nous donner que la compréhension va se faire.

Si je dis : “Le temps est pluvieux aujourd'hui”, certains parmi nous se feront des images visuelles de la pluie qui tombe, de parapluies déployés ; d'autres se commenteront par des phrases : “Le temps est gris, les pavés sont luisants, la pluie est froide.” Et le sens de la phrase – sa compréhension – nous est donné par ce commentaire ou cette promotion de l'image. Sans cette promotion de l'image dans notre tête, il n'y a pas de compréhension.

C'est une très grave erreur de penser que la qualité de la perception assure la compréhension si on est intelligent ; et cette erreur a des conséquences pédagogiques très graves. Si l'élève ne se fait pas d'évocation, s'il ne réalise pas cette promotion mentale, il n'y aura ni attention ni compréhension.

Combien d'enseignants qui seraient bien incapables de dire comment ils fonctionnent “dans leur tête” – *a fortiori* comment fonctionnent leurs élèves – disent de façon péremptoire que tel élève est “motivé et doué”, tel autre “motivé, mais pas doué” ? J'affirme que ces enseignants n'ont pas qualité de pédagogues. Je veux bien prendre en compte ce qu'on appelle le “don”, mais on ne pourra pas dire d'un enfant qu'il est “doué” – ou non – tant qu'on ne lui aura pas proposé des stratégies d'adaptation : elles passent par des systèmes d'évocation, et par des projets mis en place et codés. Nul n'a le droit de mettre une limite aux ressources de l'être humain s'il ne s'est pas d'abord donné les moyens de les explorer à fond.

Être motivé ne suffit pas pour réussir. Il y a, c'est vrai, des élèves intéressés qui réussissent ; il y a, c'est vrai aussi, des élèves qui ne sont pas intéressés et qui ne réussissent pas. Mais que fait-on des autres, de tous ceux qui sont intéressés et qui pourtant ne réussissent pas ? Pour mieux comprendre la nature de leur handicap, sortons volontairement du domaine scolaire et prenons l'exemple de deux enfants passionnés de foot. Jean-Yves est superbe sur un terrain, tout lui réussit, les passes, les shoots, les coups francs. François, lui, a beau aimer le foot autant que son camarade, il loupe tout. Interrogeons-les :

– Jean-Yves, est-ce que tu as un modèle ?

– Oh oui !

– Qui est-ce ?

– C'est Platini.

– Que se passe-t-il dans ta tête quand tu le regardes jouer ? Est-ce que tu le revois dans ta tête ?

– Oui, et avec précision même : je m'entraîne dans ma tête à shooter comme lui, je me vois dans ma tête faire tous les gestes. Puis je m'entraîne sur le terrain et je compare ce que j'ai dans ma tête avec ce que je fais, ou ne fais pas.

– Et toi, François, est-ce que Platini est aussi ton modèle ?

– Oh oui, c'est vraiment un champion. Mais j'aimerais déjà bien shooter comme Jean-Yves, il est très fort aussi.

– Dis-moi, est-ce que tu t'entraînes dans ta tête ?

– ? ? ? Non… je regarde, et j'essaie de faire.

– Tu ne revois pas dans ta tête ? Tu ne te parles pas non plus ?

– Non, jamais… Je regarde, c'est tout. Je pense qu'il suffit de regarder et d'être doué comme eux pour réussir.

Eh bien, François se trompe. Il ne suffit pas de regarder pour réussir, et le don n'a rien à voir dans l'histoire ! S'il ne met pas en place ses stratégies mentales par des évocations, s'il ne se prépare pas mentalement à faire les gestes dans sa tête pour adopter ensuite les mécanismes qui conviennent, il ne pourra pas shooter comme les modèles qu'il admire tant.

Jean-Yves se prépare, lui – par des images mentales, par un imaginaire d'avenir bien codé, par les jugements de comparaison entre ce qu'il a dans sa tête et la réalité de son exécution –, à réussir. Et il réussit !

Quel que soit le type de fonctionnement mental, j'affirme qu'il y a toujours une corrélation très nette entre la réalisation mentale – l'évocation – et la réalisation effective – l'aptitude. Qu'il y a donc toujours une corrélation entre le codage mental et la réussite – ou l'échec. Quand on connaît l'impact de la réussite scolaire sur la personnalité, quand on sait à quel point elle est une condition d'identité – par rapport à autrui, certes, mais aussi par rapport à soi-même – je dis qu'il est *criminel* de maintenir des élèves en situation d'échec.

Tous les enfants sont en état de réussite immédiate. Nous avons à notre portée des moyens simples pour les y conduire. La gestion mentale n'est pas un "truc", ce n'est pas non plus une "recette" : c'est une pédagogie des moyens qui se fonde sur des processus simples à mettre en œuvre, c'est une philosophie de la vie où le réel reste encore à réaliser. Tous ensemble, enseignants, élèves, parents, nous pouvons ouvrir le champ du mental et faire reculer les frontières de l'échec.

Ce ne sont pas des mots creux, ils recouvrent une réalité dont témoignent tous ceux qui, après les pionniers de Lorraine, ont appliqué dans leur classe les principes simples de cette pédagogie. Les élèves, bons ou moins bons, comprennent très vite le bénéfice qu'ils peuvent tirer de la maîtrise de leurs facultés mentales – je sais pourquoi j'échoue, je vais donc me donner les moyens de réussir. Les enseignants réalisent que le prix à payer – une introspection active, un double message pour les visuels et les auditifs et une mise en projet – est bien léger en comparaison du résultat obtenu.

L'école a un lourd pari à tenir, conclut Antoine de La Garanderie : celui d'amener au bac 80 % d'une classe d'âge en l'an 2000. Pour y arriver, il n'est plus question de baisser les bras, plus question de perdre son temps à retourner dans tous les sens le problème de l'échec scolaire pour le considérer finalement comme incontournable. Il faut au contraire, de la maternelle à la terminale, que chaque acteur du monde scolaire prenne sa part de responsabilité. Et la pédagogie de la gestion mentale, c'est une pédagogie de la responsabilisation, de la "conscientisation" ou, plus simplement, de la prise de conscience, par chacun, du rôle qu'il a à jouer. Il est plus que temps de réagir. »

Deuxième partie

UNE PÉDAGOGIE DE LA RÉUSSITE

Que se passe-t-il dans votre tête ?

Nous sommes à la fin des années 70. Antoine de La Garanderie, qui s'était promis de ne jamais écrire pour ne rien dire, a enfin entre les mains assez d'éléments pour faire un premier livre consacré à sa pédagogie. Et c'est *Les profils pédagogiques*, publié en 1980 (Centurion), dont le sous-titre est prometteur : « Discerner les aptitudes scolaires. »

La presse spécialisée salue l'intérêt de ses recherches, Jean Yanowski, producteur à France-Culture, l'invite, quinze jours durant, à exposer et expliquer ses thèses sur les ondes. C'est le début du succès en librairie, qui ne se démentira plus. Et, très vite, le ministère de l'Éducation nationale propose à cet enseignant du privé d'expérimenter sa pédagogie dans des écoles primaires publiques. Une trentaine d'instituteurs de cours élémentaire, formés à la méthode, se lancent dans l'aventure. Oh, bien sûr, les écoles choisies, dans le XIIIe arrondissement de Paris et en banlieue, sont réputées « difficiles », mais Antoine de La Garanderie n'a pas, toute sa vie, combattu l'élitisme pour se plaindre d'un tel choix. Au contraire !

L'expérimentation s'étendra de 1982 à 1985 et chaque instituteur remettra un rapport relatant les conditions de départ – niveau de la classe, environnement social et économique –, les moyens mis en œuvre, et les résultats obtenus. L'un de ces rapports, écrit par une institutrice de la banlieue parisienne qui avait la lourde tâche d'instruire une classe à double niveau (CE 1-CE 2), est particulièrement éloquent. On y lit : « J'ai travaillé avec les mêmes enfants pendant trois ans, des enfants qui, au début, maîtrisaient peu ou mal leurs images mentales et se trouvaient en situation d'échec scolaire. (...) A la fin de ces trois ans, les progrès étaient tout à fait nets et les parents eux-mêmes étaient stupéfaits de la "lucidité" avec laquelle leurs enfants parlaient de leur travail scolaire et l'assumaient.

Les enfants se sentent davantage responsables et, quelle que soit la matière, s'ils ne comprennent pas, ils posent des questions sur ce qu'ils doivent faire. Je n'ai pas changé la pédagogie que je me proposais d'appliquer dans cette classe (en particulier, conserver son unité), j'ai simplement ajouté un moyen qui s'est révélé essentiel à la compréhension mutuelle et à la relation profonde, intime, entre les membres de cette classe. Ce n'est plus le maître qui impose la méthode d'acquisition ; lui, il est à l'écoute et il propose. Chaque enfant est amené à utiliser sa propre méthode pédagogique pour aller vers la structure, vers la synthèse, sans ignorer que les autres ont aussi une méthode qui peut être différente et qu'il peut lui aussi essayer d'utiliser pour s'enrichir. »

Responsabilisation de l'enfant, autonomie, méthodologie, climat heureux dans les classes, réussite scolaire : tous ces éléments sont clairement exposés, exemples à l'appui, dans le rapport général qu'Antoine de La Garanderie remettra en 1985 à la direction des Écoles.

Curieusement, ce rapport ne sera pas rendu public, et ne fera pas non plus l'objet d'une publicité au sein de l'Éducation nationale. Une pédagogie dont l'*a priori* est la réussite de *tous* les élèves serait-elle indigne d'une diffusion nationale ? A-t-on tellement de solutions à proposer qu'il faille taire celles qui ont fait leurs preuves ? Ne pourrait-on au moins laisser au corps enseignant la responsabilité d'adhérer – ou non – à une méthode ?

Pendant que ses partisans pratiquent le bouche à oreille et convainquent un nombre toujours plus grand de collègues, Antoine de La Garanderie affine encore ses thèses et publie une *Pédagogie des moyens d'apprendre* en 1982 (Centurion). Là, il s'attache principalement aux mécanismes particuliers de l'attention, de la compréhension, de la mémoire, de la réflexion.

En 1984, il publie *Le dialogue pédagogique avec l'élève* (Centurion), où il réunit un certain nombre d'exemples concrets, comme celui du dialogue à plusieurs « actes », avec un enseignant de sciences naturelles, d'abord, puis avec deux de ses élèves, que je livre ici à votre réflexion :

« Acte I – *Entretien avec un professeur*
– Mes élèves manquent d'esprit d'observation.
– Qu'est-ce qui vous permet de le dire ?

– Ils se contentent de répéter ce qu'ils ont lu dans leur livre à propos d'observations qui y sont développées. Mais ils sont incapables d'accomplir un travail d'observation personnelle…

– Quels conseils leur donnez-vous ?

– Mais ce qu'il est raisonnable de leur dire…

– Quoi encore ?

– Je ne sais pas. Je les prie de regarder soigneusement, de ne décrire que ce qu'ils ont vu. Je leur demande de se concentrer, de réfléchir à ce qu'ils vont noter. Je leur conseille de procéder méthodiquement…

– C'est-à-dire ?

– Eh bien, il ne faut pas qu'ils observent n'importe comment ; il faut qu'ils se donnent un ordre. Je pense qu'ils ont tout intérêt à faire des croquis, en accentuant les traits importants, en les disposant selon une nomenclature de progrès… Je leur prépare ainsi une grille…

– Ils ne la respectent pas ?

– Ils essaient, mais cela ne donne pas grand-chose…

– Pourquoi ?

– Je ne sais pas. Leur travail, pour la plupart d'entre eux, à deux ou trois exceptions près, demeure dans l'à-peu-près.

– Si vous m'y autorisez, je vais interroger deux de vos élèves et les conseiller ensuite. Me permettez-vous de les choisir ?

– Oui, mais pourquoi ?

– Vous savez que j'ai remarqué que certains élèves n'utilisent pour penser que des images visuelles, d'autres que des images auditives… D'autres utilisent d'une façon plus ou moins large les deux espèces d'images.

Les deux premières catégories d'élèves connaissent des difficultés scolaires bien déterminées, la dernière en connaît aussi mais qui, finalement, se ramènent à celles que nous aurons diagnostiquées avec l'une et l'autre des deux premières catégories. Je vais donc faire choix d'un élève visuel et d'un élève auditif. »

(Antoine de La Garanderie procède à quelques dialogues afin de choisir un visuel et un auditif.)

« Acte II – *Entretien avec deux élèves*

Catherine et François sont en 5e et ont treize ans et quelques mois. Leur professeur précise les modalités de notre échange :

– Mon collègue va s'entretenir avec vous, au sujet de l'observation. N'hésitez pas à dire tout ce que vous pensez, même s'il s'agit de me critiquer. Nous sommes ici pour vous aider.

– Quand on vous dit d'observer une plante ou un animal (intervient Antoine de La Garanderie), qu'est-ce qui se passe dans votre tête ?

Catherine : Je me dis qu'il faut que je regarde bien ; alors je me concentre…

François : Moi, je regarde ; je vois pas mal de choses.

– Qu'est-ce que vous faites pour mettre en œuvre votre observation ?

Catherine : Je remarque certaines choses, alors je les écris. »

Dialogue avec Catherine :

« – Catherine, que vous dit votre professeur ?

– Que ça manque de méthode, que j'ai noté des détails ; parfois, il me dit que j'ai dégagé une observation intéressante, mais qu'elle n'est pas dans un ensemble…

– Qu'essayez-vous de faire pour porter remède ?

– Je me dis qu'il faut que je fasse attention pour être méthodique.

– Qu'est-ce que c'est pour vous "être méthodique" ?

– Je ne sais pas… dire les choses avec de l'ordre…

– Que pourriez-vous dire d'autre ?

– … Je ne sais pas…

– Est-ce que vous regardez avec "méthode" ?

– Oui.

– C'est-à-dire ?

– …

– Êtes-vous plus attentive à dire avec précision ce que vous avez remarqué qu'à le relier au reste de ce que vous voyez ?

– Oui.

– Et quand vous avez insisté sur ce que vous avez remarqué, vous êtes perdue. Vous ne savez plus quoi dire ?

– C'est bien ça.

– Vous allez noter une autre chose pour ne pas rester à court ? Est-ce que je me trompe ?

– Non. C'est bien ça.

– Vous n'aimez pas dessiner ?

– Pas du tout, je suis nulle en dessin.

– Écoutez Catherine, je vous propose une méthode d'observation pour les objets fixes ; ensuite, pour des objets en mouvement. Comme nous sommes partis des sciences naturelles, nous parlerons de l'observation de la locomotion d'un animal. Ça vous va ?

– Oui.

– Avant de regarder l'objet qu'on vous demande d'observer, vous allez vous dire comment vous allez procéder pour effectuer votre observation. Et voici les phrases que vous pouvez vous mettre dans la tête :

1) L'objet est-il grand ou petit (l'éléphant et la puce) ?

2) L'objet est-il en hauteur ou en long (la girafe et le renard) ?

3) (S'il s'agit d'un animal.) Vit-il dans les airs ? Sur terre ? Sous terre ? Dans l'eau (mer ou eau douce) ?

4) Quelle est la partie de cet objet qui occupe le plus d'espace ?

5) Maintenant, pour décrire l'objet dans ses détails, je me donne pour consigne de commencer par le haut ou par le bas, par la droite ou par la gauche, en ayant le souci de ne sauter aucune partie. Il se peut que, dans certains cas, l'ordre de description soit indiqué par la nature de l'observation. Si, par exemple, on me demande d'observer l'appareil digestif, je vais bien évidemment suivre l'ordre de circuit des aliments depuis l'absorption jusqu'à l'achèvement de la digestion. Me suivez-vous ?

– Oui.

– Aimeriez-vous avoir bien tout cela dans la tête ?

– Oui.

– Voulez-vous que je vous l'écrive ?

– Oui.

– Que ferez-vous quand vous aurez le papier ?

– Je l'apprendrai.

– … pour pouvoir vous le dire afin d'avoir un modèle pour “observer” ?

– Oui.

– Ce sera votre guide ?

– Certainement.

– Comprenez-vous ce que signifie “avoir de la méthode” ?

– Ce serait ça…

– Vous alliez chercher la méthode beaucoup plus loin…

– Oui, c’était la raison, l’intelligence.

– Des choses qui vous dépassaient… Passons maintenant à l’observation de la locomotion. Venez dans le jardin.

Nous extrayons un ver de terre que nous laissons libre sur le sol :

– Catherine, regardons comment il se meut.

– …

– Vous vous sentez désemparée…

– Oui.

– Donnons-nous une méthode pour observer :

1) les parties qui se meuvent d’abord ;

2) la partie du corps qui sert d’appui ;

3) le mode de déplacement, comme il n’y a pas de pattes : l’élongation et la rétraction.

Redites-vous ces phrases dans votre tête. Ah, voici notre ver qui s’enfonce en terre, je vais le remettre à la surface. Ça y est.

– …

– Vous êtes en train de vous redire ce que je viens de vous proposer comme méthode.

– Oui.

– Y arrivez-vous ?

– J’ai retenu : les parties qui se meuvent d’abord.

C'était ses deux extrémités que le ver de terre a commencé par balancer, comme un serpent.

– Mais les autres points vous manquent…

– Je ne m'en souviens pas.

– Vous ressentez comme un vide qui vous met mal à l'aise.

– Oui, je ne sais pas du tout quoi faire.

– J'ai dit, après “les parties qui se meuvent d'abord”, qu'il fallait reconnaître la partie qui sert d'appui pour la locomotion et identifier le mode utilisé pour le déplacement ; en l'occurrence, avec le ver de terre, élongation et rétraction. Je n'ai pas été trop vite ?

– La partie qui sert d'appui… le mode de déplacement : comment dites-vous ?

– Élongation et rétraction.

Mais notre ver de terre a profité de notre conversation pour prendre la poudre d'escampette. Je vais en chercher un autre.

– Regardez, Catherine, mais avec le projet d'appliquer ce que vous vous dites de regarder…

– La partie qui sert de point d'appui… ensuite… l'élongation, la rétraction… Ah oui, ça y est, je vois… après avoir dressé sa tête, le ver s'allonge en s'appuyant sur une partie de son corps, pas très loin de la tête. Oui, c'est la partie du corps du côté de la tête qui s'allonge. Après le point d'appui, le reste du corps ne s'est pas allongé. Et puis maintenant, la partie après le point d'appui “se contracte” pour s'en rapprocher. Ah oui, je comprends…

– Supposez, Catherine, qu'on vous demande maintenant d'observer la locomotion chez un animal pourvu de pattes, parviendriez-vous à le faire “avec méthode” ?

– Je ne sais pas.

– Comment vous y prendriez-vous ?

– Eh bien, je me servirais de ce que vous m'avez dit…

– C'est-à-dire ?

– Qu'est-ce qui se meut d'abord ? Quel est le point d'appui ? Qu'est-ce qui s'allonge ? Qu'est-ce qui se rétracte ?

– Vous ne changeriez rien.

– Oh si, j'adapterais…

– Vous pensez qu'il peut y avoir des changements même dans l'ordre ?

– Que voulez-vous dire ?

– Ce n'est peut-être pas le mouvement qu'on observe en premier.

– Je suis d'accord. Je crois que je me rends bien compte de ce que je dois faire.

– Vous aviez besoin d'avoir un discours, des règles verbales, pour vous livrer à l'observation ?

– C'est vrai. »

Dialogue avec François :

« – Vous avez entendu, François ?

– Oui.

– Cela vous a-t-il apporté quelque chose ?

– Non, pas beaucoup.

– Quoi ?

– Quand vous avez regardé le ver de terre.

– Mais les conseils donnés à Catherine pour observer ?

– Je n'ai pas bien suivi.

– Quand vous faites une observation, dessinez-vous ce que vous regardez ?

– Oui.

– Vous aimez ?

– Oui.

– Qu'est-ce que vous faites bien encore ?

– Je mets des flèches avec les mots…

– Pour désigner les parties de ce que vous êtes en train d'observer…

– Oui.

– Y a-t-il d'autres choses que vous accomplissez bien ?

– Je ne sais pas, le mouvement…

– Pour montrer la locomotion ?

– Oui.

– Par le dessin alors ?

– Oui.

– Qu'est-ce qui vous ferait difficulté ?

– C'est d'expliquer.

– Y a-t-il des cas où vous expliquez bien ?

– Je ne sais pas. En sciences naturelles ?

– Non, dans d'autres domaines : le sport, le bricolage… Vous aimez dessiner. Parlez-vous parfois du dessin avec des camarades ?

– Non, pas tellement.

– Et le sport ?

– Je fais du vélo…

– Vous en parlez avec vos camarades ?

– Oui, souvent.

– Quoi, au sujet du vélo ?

– Ben, des différentes marques…

– … de leurs qualités, de leurs défauts, bref, de ce qui caractérise chacune.

– C'est ça, oui.

– Les mots vous viennent facilement ?

– Ah oui, j'ai pas de mal !

– Pourquoi ?

– Je ne sais pas.

– N'est-ce pas parce que vous avez l'habitude de parler de ce sujet ?

– Peut-être.

– Quand vous parlez avec vos camarades des marques de vélo, de leurs qualités ou de leurs défauts, avez-vous dans la tête l'image visuelle de ce que vous leur décrivez ? Par exemple, vous leur parlez d'un type de dérailleur. Le voyez-vous dans votre tête, alors que vous ne l'avez pas réellement sous les yeux ?

– Oui.

– Si vous ne vous donniez pas l'image de ce dont vous parlez, vous ne pourriez rien dire ?

– C'est ça.

– Si l'on essayait de faire la même chose pour l'observation en sciences naturelles ?

– …

– Vous regardez l'objet pour le dessiner : quand je dis l'objet, cela peut être un animal ou une plante. Pour ça, vous êtes à l'aise ?

– Oui.

– Mais quand vous voulez expliquer avec des mots, vous êtes embarrassé…

– Je ne sais pas quoi dire.

– Aucun mot ne vous vient à l'esprit…

– Non, je n'ai pas de mot.

– Mais vous ne procédez pas de la même façon quand vous parlez de vélo avec vos camarades.

– Pourquoi ?

– Quand vous parlez de vélo avec vos camarades, vous vous donnez dans la tête les images visuelles des choses dont vous leur parlez, mais quand vous essayez d'expliquer un dessin ou un croquis en sciences naturelles, vous regardez ou l'objet lui-même, plante ou animal, ou le dessin que vous venez de faire.

– Je ne comprends pas…

– Vous ne saisissez pas la différence ?

– Pas bien.

– Voici un papier, François. Dessinez un chat.

François dessine.

– Si je vous demande de me décrire le chat que vous venez de dessiner, vous allez le faire en regardant votre dessin. Mais je peux vous demander d'opérer autrement : regardez le chat que vous venez de dessiner pour le revoir dans votre tête. Faites cela. Vous me direz quand vous en aurez la photo dans la tête.

– Oui. Ça y est.

– Eh bien, maintenant, décrivez-moi le chat à partir de l'image que vous avez dans la tête.

– Ah oui, je parlerai beaucoup plus facilement.

– Vous avez saisi ?

– Mais pourquoi ?

– Parce que les mots vous viennent dans le prolongement des images visuelles que vous vous donnez dans votre tête, alors que, quand vous regardez un objet, votre esprit cherche d'autres détails à voir et n'est pas orienté vers la production de mots tout simplement. Est-ce que ça vous paraît clair ?

– Oui, très clair.

– L'image visuelle que vous avez dans la tête, vous pouvez penser à vous la parler, car vous n'êtes plus sollicité par votre habitude de voir dans l'objet toujours de nouveaux aspects…

– C'est vrai.

– C'est bien ainsi que vous procédez ?

– Oui.

– Alors, est-ce que vous arrivez à revoir dans votre tête les mouvements des vers de terre que nous avons observés tout à l'heure avec Catherine ?

– Assez bien.

– Bon. Ne cherchez pas à mettre des mots sur ce que vous voyez avant que les images que vous avez dans la tête ne soient nettes.

– D'accord.

(Un temps de silence.)

– Et maintenant, François ?

– La tête et l'avant du corps cherchent à s'enfoncer dans la terre en s'étirant…

– Vous voyez comment vous devez procéder :

1) Regarder la chose, l'objet ou l'être, pour les photographier ou en enregistrer les mouvements.

2) Revoir dans votre tête sans chercher à expliquer verbalement.

3) A partir des images ainsi captées, les décrire alors avec des mots. S'il vous manque des mots, utiliser le dictionnaire, le livre, ou demander au maître les termes qui sont à employer pour désigner ce que vous voyez. Vous avez compris ?

– Oui, très bien. »

« Acte III – *Le professeur et Antoine de La Garanderie*

Le professeur – Vous n'imaginez pas que je puisse avoir de pareils échanges avec chacun de mes élèves !

– Il n'en est pas question. Vous avez vu, en gros plan, sur deux cas privilégiés, les deux principales difficultés que rencontre chacun de vos élèves. Il vous suffira donc, d'une façon générale, c'est-à-dire sans dialogue individuel, de présenter les deux méthodes d'observation auxquelles nous avons eu recours et la plupart de vos élèves vont s'y retrouver.

– Ne croyez-vous pas que Catherine et François ont fait preuve de complaisance à l'égard de vos questions ?

– Que voulez-vous dire ?

– N'ont-ils pas été conduits à répondre ce qu'en fait vous leur suggériez ?

– N'avez-vous pas vous-même constaté que Catherine manquait de précision, qu'elle disait n'importe quoi, et que François dessinait correctement mais qu'il se révélait incapable de mettre des légendes, c'est-à-dire d'expliquer ce qu'il montrait ?

– Oui, c'est vrai.

– Or cela, vous ne me l'aviez pas dit.

– Non, en effet.

– Ce qu'ils ont laissé paraître au cours de ce dialogue est donc conforme à votre jugement ?

– Oui.

– Eh bien, dans le prolongement et de votre jugement et de ce que m'ont justement dit ces deux élèves, est-il surprenant que je fournisse des explications qu'ils reconnaissent comme vraies ? N'est-ce pas tout à fait logique ?

– Vous croyez vraiment que Catherine va s'y retrouver ? Le langage que vous lui avez tenu est tout de même très rigoureux. Or son esprit est toujours d'une étrange confusion…

– Non, son esprit n'est pas confus sur le plan verbal. Il peut vous paraître confus quand vous lui demandez de décrire ce qu'elle voit, mais à partir du moment où elle bénéficie d'un modèle verbal, elle manifeste des exigences de rigueur.

– Peut-être, mais j'ai des doutes pour la suite. Quand elle aura à observer autre chose qu'un ver de terre, sa mémoire l'ayant abandonnée…

– Pas du tout. Elle va, en s'inspirant de la consigne verbale qui fut constituée pour le ver de terre, transposer. Catherine peut se servir des mots. Elle comprend la méthode, la rigueur à partir des mots. Elle va les changer quand l'objet à observer sera autre, en prenant ceux qui conviennent. Ce dont elle a besoin, c'est d'un modèle verbal puisque sa gestion mentale est celle d'une auditive. Elle ne peut conduire l'observation d'un objet visuel qu'à partir d'un modèle qu'on lui a donné ou qu'elle s'est donné auditivement.

– J'ai beaucoup mieux saisi votre échange avec François.

– C'est que vous êtes un visuel, mon cher collègue. »

Si j'ai choisi ce dialogue parmi tous ceux qui composent le *Dialogue pédagogique avec l'élève*, c'est parce qu'il reflète dans son ensemble toutes les questions que nous avons envie de poser sur la pratique de la gestion mentale appliquée dans une classe et qu'il nous prépare à lire les témoignages des autres enseignants que j'ai rencontrés.

Chacun des ouvrages d'Antoine de La Garanderie soulève l'enthousiasme des lecteurs, qu'ils pratiquent déjà la gestion mentale ou qu'ils en soient encore aux balbutiements. Ils y trouvent ce qu'ils cherchent : des réponses adaptées aux multiples questions que leur pose leur métier. Dans *Comprendre et imaginer*, publié en 1987 (Centurion) Antoine de La Garanderie développe une pédagogie de la compréhension et de l'imagination créatrice, un domaine dont l'enjeu est de maîtriser la complexité des opérations mentales qu'appellent l'acte de comprendre et celui de créer.

Comme toute pédagogie, la gestion mentale a sa technique, son « code ». Il faut donc se former pour mieux l'appliquer, pour en tirer l'essentiel. Les demandes affluent, dans les rectorats, à l'Institut supérieur de pédagogie, mais aussi de l'étranger. Il suffit parfois d'une seule personne convaincue dans un collège – souvent le principal lui-même – pour « faire tomber » l'ensemble de l'équipe pédagogique.

Même si la démarche initiale – l'introspection – est un acte difficile, quand les enseignants ont compris ce que leur offre la gestion mentale, rares sont ceux qui font machine arrière. Ils s'y mettent, avec humilité, et ils découvrent le respect des différences, le respect de l'autre – fût-il un élève. En acceptant de descendre de son estrade, en considérant ses élèves non plus comme des imbéciles ou des incapables, mais comme des individus à part entière, l'enseignant gagne leur respect.

Parmi ceux qui m'ont raconté leur expérience, certains pratiquent une pédagogie de la gestion mentale de type « pur et dur » : ils appliquent à la lettre ce qu'Antoine de La Garanderie a écrit, énoncé – j'aurais envie de dire « révélé ». Ils ont fait des livres d'Antoine « Le Livre ». Et Antoine de La Garanderie s'étonne de cette personnalisation, qui ne correspond pas à sa quête perpétuelle de la vérité.

Pour d'autres, ses livres ne sont pas sacrés. Ils en tirent l'essentiel, s'en inspirent et les adaptent à leur propre quotidien, à leurs propres problèmes dans leurs classes. Et le « maître » est souvent plus intéressé par l'adaptation que par la version originale, il est lui-même trop curieux et trop irrévérencieux pour se considérer comme l'expression d'une vérité définitive.

Ce qu'Antoine de La Garanderie redoute, c'est le mauvais usage que pourraient faire de ses thèses ceux qui ont envie d'ajouter aux classifications existantes une nouvelle hiérarchie : « Tu es visuel, donc tu es bon en... », « Tu es auditif, donc tu es bon en... » Et, pour lutter contre cette falsification, il a consenti à présider une association qui a pour but de « labeliser » le praticien de la gestion mentale : Initiative et formation, centre Thorigny, 9, rue Saint-Anastase, 75003 Paris.

L'une des enseignantes que j'ai rencontrées, professeur dans un collège genevois entièrement converti à la gestion mentale, me semble avoir énoncé ce qui pourrait être la devise de cette association : « On peut aller plus loin que ce que propose Antoine de La Garanderie, on peut adjoindre d'autres choses, mais cette connaissance-là de l'élève reste inévitable pour faire un enseignement digne de ce nom. »

Alors, écoutons-les, écoutons ce qu'ils ont à nous dire.

*
* *

Essaie de parler tes images

Hélène est institutrice. Depuis longtemps convertie à la pédagogie de la gestion mentale, elle assure, en dehors de ses heures de classe, la formation de groupes de parents et de formateurs à l'I.S.P. (Institut Supérieur de Pédagogie). Sa classe de CM 2, dans une école privée parisienne aux portes du jardin du Luxembourg, est à petits effectifs. Les quinze enfants qui la composent étaient tous, en début d'année, « en difficulté ». Et Hélène espère bien que la grande majorité d'entre eux passeront en 6e l'an prochain. Les résultats, en cette fin de deuxième trimestre, sont d'ailleurs plus qu'encourageants.

A observer toute une journée ces enfants vifs et intelligents, je me demande de quelles « difficultés » ils relèvent. J'en connais, des élèves en difficulté, et je suis sûre que leurs maîtres les échangeraient volontiers contre ceux-ci.

Je m'installe à un banc laissé vide par deux absents. Il est convenu avec l'institutrice que tout doit se dérouler comme à l'ordinaire. Les treize paires d'yeux se détournent de moi dès qu'Hélène frappe dans ses mains : la journée d'école commence.

– Benjamin, veux-tu rappeler à tes camarades ce que nous avons à faire aujourd'hui ? dit Hélène.

– On va faire une série de tests pour savoir si on est bien à niveau pour passer en 6e, répond Benjamin.

– Mais non, intervient Mathieu, ça ne va pas *fatalement* compter pour le passage en 6e !

– On fait ces tests parce que certains ont encore des difficultés, rectifie Carole. Et Hélène pourra savoir s'ils ont besoin de travailler plus.

– Bien, approuve Hélène. Mais avant de commencer, l'un d'entre vous a-t-il des difficultés pour faire revenir en mémoire ce que nous avons vu, ou besoin d'être rassuré sur ce qu'il sait ?

Les enfants lancent d'énergiques : « Non, pas moi » et Hélène reprend :

– Maintenant, prenez du temps pour vous mettre en projet par rapport à ce travail de test.

Le silence, immédiatement, se fait. Je n'en reviens pas : je regarde ces petits garçons et ces petites filles, qui quelques secondes auparavant étaient bruyants, se concentrer dans des attitudes que je ne reconnais pas ; qu'ils ferment ou non les yeux, ils me donnent l'impression d'avoir un regard intérieur, de ne plus être distraits, ni par ma présence ni par quoi que ce soit d'autre. Ce silence n'est interrompu que par la voix, calme et douce, d'Hélène :

– Votre attention est tout entière sur la grammaire et le langage. Pendant cette mise en projet, dites-moi ce qui s'est passé dans votre tête.

– Je me suis dit qu'il ne fallait pas paniquer, ni aller à toute allure, dit Laurent.

– Moi, dit Julien, j'ai pensé qu'il fallait que je comprenne bien les questions, que je réfléchisse bien avant de répondre, que je mémorise bien les consignes.

– Moi, ajoute Laure, j'ai pensé qu'il fallait que je comprenne bien la consigne pour que les bons repères reviennent.

– Bien, dit Hélène. Maintenant, je vous donne la consigne. Ensuite, vous la ferez exister.

Un court instant, Hélène tourne le dos à sa classe pour écrire au tableau :

1 – FAIRE EXISTER LA CONSIGNE

2 – AVANT D'ÉCRIRE, VÉRIFIER PAR RAPPORT À SES POINTS DE REPÈRES

3 – Y RÉPONDRE

Puis elle donne la consigne : c'est une phrase qu'elle écrit au tableau et dont les mots à analyser sont soulignés. Elle lit une première fois la phrase et demande ensuite à un élève de la relire : « Dans l'*école,* les *élèves* du *petit* collège arrivent à neuf heures. »

– Quand vous copiez cette phrase, précise Hélène, vous faites un signe pour reconnaître *école*, *élèves* et *petit* que vous analyserez.

– On fait deux colonnes ? interroge Chloé.

– Non, tu analyses simplement le mot, répond Hélène.

– Je voudrais vérifier ce que j'ai dans ma tête pour l'analyse, demande Xavier.

– Tu mets d'abord la nature du mot, c'est-à-dire ce qu'il est ; puis le genre et le nombre ; et enfin sa fonction, c'est-à-dire ce qu'il fait, explique Hélène.

– On copie la phrase ? demande Julien.

– Tu étais vraiment en projet d'entendre la consigne, Julien ? répond Hélène. Non, apparemment…

Tous copient la phrase. Hélène passe derrière chacun et jette un œil sur les feuilles. Puis, quelques instants plus tard, elle retourne au tableau où elle écrit la deuxième phrase : « Le chien sera *dans la cour* » et souligne *dans*, *la* et *cour*.

– Vérifiez bien vos points de repère avant d'écrire pour ne pas écrire n'importe quoi, dit-elle.

Elle écrira ensuite une troisième, puis une quatrième phrase au tableau. Quand elle passe près de moi, je lui dis tout bas que j'en ai vu qui n'ont pas fait tout ce qu'elle demandait :

– Il ne s'agit pas de coincer les élèves dans un savoir, me répond Hélène de sa voix douce, mais de les aider à gérer au mieux leurs connaissances. Leur démarche compte plus que le résultat.

Quelques-uns n'ont en effet pas fini d'analyser les mots soulignés, mais ils n'ont pas l'air de s'en inquiéter. Hélène retourne au tableau et leur propose de faire des inventions :

– J'écris au tableau la composition de la phrase à inventer. Vous pouvez l'écrire sur votre cahier d'essais.

Au tableau apparaissent ces sigles auxquels je ne me fais toujours pas, même si mes enfants s'en servent tous les jours – sans doute parce que ces signes n'« évoquent » rien en moi… : « GNS + FVC + COD + CC de manière. »

Mes enfants savent, eux, que GNS est le groupe nominal sujet ; FVC, la forme verbale composée ; COD et CC les compléments d'objet direct et circonstanciel.

Hélène lit à haute voix le composé écrit au tableau.

– Je ne me souviens plus de ce que veut dire manière, intervient Laure.

Hélène demande si quelqu'un veut bien le lui dire. Un volontaire se désigne et remet Laure « au clair ». Les enfants se mettent au travail.

– On doit inventer la phrase dans cet ordre-là ? demande Laurent, sans doute un peu distrait.

– Tu n'as jamais fait d'invention avec un schéma proposé ? répond Hélène.

– Ah oui, c'est vrai, dit Laurent.

– Écrivez d'abord cette première invention, ensuite nous en ferons deux autres.

Un élève quitte sa place pour poser à Hélène une question que je n'entends pas. En revanche, j'entends la réponse :

– Tu t'es vraiment mis en projet d'écouter la consigne ? Ce n'est pas très réussi… Tu dois inventer une phrase qui se compose comme ce que j'ai écrit. C'est plus clair maintenant ?

– C'est clair, mais pas facile, dit un petit garçon, aussitôt approuvé par d'autres.

– Mais si, tranche Benjamin, ça correspond bien à la consigne.

Après le temps nécessaire de la réflexion, Hélène écrit et lit la composition de la deuxième phrase : « CC de temps + sujet + FV + GN attribut. »

Même scénario, temps de réflexion, temps d'écriture. Puis la troisième phrase, simplement composée d'un sujet, d'une FV et d'un COI, est ajoutée aux deux autres.

– Il est 9 h 50, dit Hélène, vous devriez avoir terminé. Avant de me remettre vos feuilles, relisez ce que vous avez écrit.

Quelques instants plus tard, les enfants se lèvent, se détendent, bavardent. Quelques minutes s'écoulent et Hélène frappe dans ses mains :

– Pourrait-on retrouver un peu de disponibilité ?

– Ça dépend pour quoi, dit un élève qui provoque un rire général.

– Sérieusement, intervient Hélène, mettez-vous en projet pour la mathématique. On va revoir la technique de la division. J'attends qu'on soit disponible, avec son corps, avec sa tête. J'en vois quelques-uns qui ne se sont pas encore mis en projet…

Et, comme tout à l'heure pour le français, à nouveau les enfants font le silence. Un silence d'une intensité étonnante, qu'Hélène vient interrompre après quelques minutes en demandant aux enfants ce qui s'est passé dans leur tête pendant ce silence :

– Je me suis mis en projet de réussir et de comprendre la consigne, dit Sébastien.

– Moi, dit Carola, je cherche à trouver une situation pour voir si je suis bien au clair.

Chaque enfant devait avoir préparé, et résolu, une division décimale qu'il proposerait à ses camarades. Laure donne la sienne :

454 : 3,45

– Regardez bien cette proposition de Laure, dit Hélène. Qu'est-ce qu'elle provoque chez toi, Carola ?

Mais Carola ne répond pas.

– Qui veut mettre des choses claires dans la tête de Carola ? demande Hélène.

– D'abord, dit Julien, je me dis qu'il faut que je multiplie par 100. Je dois enlever la virgule au diviseur, il ne doit pas y avoir de nombre décimal au diviseur.

– Il faut déplacer la virgule, pas l'enlever, rectifie Hélène.

– Mais je n'ai le droit de multiplier par 100 que si je multiplie aussi le dividende.

– Bien, dit Hélène. Prenez le temps, et mettez ça dans votre mémoire.

A nouveau, l'atmosphère de la classe est au recueillement. Certains enfants, les coudes sur leur pupitre, mettent leurs mains devant leurs yeux. Je les regarde l'un après l'autre, j'ai l'impression que rien ne peut les distraire. Je tente une expérience et laisse tomber mon stylo pour voir si leur attention est feinte : pas un cheveu ne bouge, pas un regard ne se dirige vers moi. Au bout d'un moment, Hélène interrompt ce silence par un : « Allez-y », et les enfants se mettent au travail.

A partir de la proposition de Laure, toutes les hypothèses fusent : « Et s'il y avait 454 : 3,4544 ? » dit Laurent, ou « 45,43 : 345,4 ? » dit Julien qui doit avoir l'esprit bien compliqué... Hélène en profite d'ailleurs pour demander à tous les enfants de s'arrêter à cette superbe division décimale et de mémoriser cette situation. Au téméraire qui lance : « Je multiplie par 100 », elle réplique :

– Tu connais le principe : mets-toi au clair pour savoir si tu dois multiplier par 100 un nombre décimal à un seul chiffre après la virgule...

Sébastien, lui, a des problèmes avec la multiplication par 0.

– Moi, j'ai un repère pour la multiplication par 0,

dit Xavier, et Sébastien pourrait le prendre. Je me dis que $1 \times 1 = 1$, donc 1×0 ça ne peut pas faire 1, ça ne peut faire que 0.

– C'est peut-être un peu compliqué, dit Hélène. Et si Sébastien mettait tout simplement dans sa tête que 0 multiplié par n'importe quoi est toujours égal à 0 ?

Tout le monde tombe d'accord, c'est en effet beaucoup plus simple.

La cloche sonne et, en un instant, l'école résonne des bruits et brouhahas habituels des récréations. Un quart d'heure plus tard, les enfants sont de retour dans la classe.

– Benjamin et Frédéric, vous deviez préparer des énoncés de problèmes. Êtes-vous prêts ?

– Vas-y, toi, dit le premier au second.

– Eh bien, voilà. On a un champ de 180 m de diamètre. Quelle est la longueur du champ ? C'est la première question. La deuxième, c'est : un mètre de barbelé coûte 52 F. Combien coûtera d'entourer complètement le champ ?

– Bien, dit Hélène. Ton champ est un champ rond ? Allons-y pour un champ rond. Voulez-vous expliquer à vos camarades comment ils doivent faire pour retrouver les repères dans leur tête ?

– Quand on a le diamètre, et qu'on veut trouver la longueur, on multiplie le diamètre par 3,14, dit Frédéric.

– Bien, dit Hélène. Alors, quel sera votre projet pour ce problème ? demande-t-elle à toute la classe.

– On va essayer de comprendre l'énoncé et de voir si c'est possible, dit Laure.

– Alors, mettez-vous en projet de comprendre la consigne.

Nouvelle phase de silence, puis, tous ensemble, les enfants résolvent les deux questions du problème.

Un autre groupe de deux enfants – des filles, cette fois-ci – propose un autre problème : il y est question de piste de cirque, de nombre de rangées de spectateurs et de longueur de guirlandes. Les enfants s'entraident pour trouver la solution.

– Avant de passer à une autre activité et à un autre test, j'aimerais que vous vérifiiez dans votre mémoire comment on trouve le diamètre quand on a le rayon, dit Hélène à sa classe, aussitôt concentrée. Laure, qu'est-ce que tu as dans ta tête ?

– J'essaye de voir un cercle, mais c'est un peu trouble. Je me dis : pour trouver le diamètre quand j'ai le rayon, je multiplie le rayon par deux. Quand j'ai le diamètre, pour trouver la longueur du cercle, je multiplie par 3,14.

– C'est curieux, dit Benjamin, je me rappelle que Laure entend surtout dans sa tête. Il faut qu'elle essaie d'entendre, pas de voir. Et qu'ensuite elle branche les images sur le son.

– Essaie de parler tes images, Laure, et tu y arriveras, dit Hélène.

– C'est compliqué, répond Laure.

– Moi, dit Mathieu, je vois écrit des choses dans ma tête. Sur le tour du cercle, il y a écrit en rouge RAYON. De l'autre côté, le DIAMÈTRE est écrit en vert. L'ARC est en blanc. Le rond est en noir et il y a LONGUEUR DU CERCLE écrit tout autour. J'ai tout ça dans ma tête, je me le dis et je l'entends avec ma voix : longueur égale diamètre multiplié par 3,14.

– Attention, dit Hélène, quand tout arrive tout

mélangé dans la tête, c'est qu'on n'a pas vidé son cerveau.

– Mathieu n'a pas fermé les yeux, dit Carola.

– Et alors ? rétorque le Mathieu en question. Je ne fermais pas les yeux et je regardais le tableau ou la porte, et je faisais revenir les choses.

– Oui, dit François, mais si on te voit faire ça plus tard, on te dira : arrête de rêver.

– Eh bien, répond l'accusé d'un ton sans réplique, je dirai que je fais de la gestion mentale !

ANTOINE DE LA GARANDERIE :

Ce qui est remarquable dans cette classe de CM 2, c'est le « partage méthodologique » auquel Hélène a conduit ses élèves. Ceux-ci communiquent entre eux à propos des procédures mentales à mettre en œuvre pour bien gérer les connaissances qu'elle a à leur transmettre. Ils sont à la fois soucieux de leur propre gestion mentale et de celle de leurs camarades. On peut tirer de ce travail une série de conséquences, capitales au regard de l'éducation et de la pédagogie :

1) Les enfants de onze ans sont capables de réfléchir sur leurs processus mentaux avec lucidité et, de ce fait, d'en acquérir la maîtrise.

2) Ces enfants de onze ans, instruits de ce qu'ils peuvent faire mentalement pour acquérir les connaissances, font preuve d'une activité intense. Quand on se plaint du « manque de moti-

vation » des élèves, faut-il accuser les élèves, ou le fait qu'ignorants de ce qu'ils doivent faire mentalement pour apprendre ils finissent par céder au découragement ?

3) Il faut estimer à sa juste valeur le rôle de cette enseignante qui sollicite les ressources mentales de ses élèves et *leur permet d'avoir conscience de leurs capacités personnelles à construire et à parfaire leurs moyens d'apprendre*.

Des petits bonshommes dans la tête

Dans la classe d'Hélène, j'avais remarqué Xavier. Son regard coquin et son humour jaillissant contrastaient avec ses airs d'enfant au-dessus de tout soupçon. Ses camarades disaient qu'il fonctionnait « avec des bonshommes dans la tête ». J'ai voulu en savoir plus.

– Dis-moi, Xavier, qu'est-ce qui se passe dans ta tête quand Hélène te demande de faire quelque chose ?

– Tu veux dire quand elle me donne une consigne ? Oh, c'est simple : c'est comme un ordinateur. Tu sais comment fonctionne un ordinateur ?

– Euh, en gros oui…

– Ma tête fonctionne donc comme un ordinateur. La consigne va à l'ordinateur central. Imagine qu'Hélène m'ait demandé de faire une division décimale – c'est ce que nous faisons actuellement : aussitôt, des petits bonshommes vont voir s'il y a déjà des disquettes sur la division décimale. Elles sont rangées sur les rayons d'une bibliothèque. Il y a les disquettes des mathématiques, les disquettes du français, celles de l'histoire et de la géographie, etc.

Puisque la consigne est la division décimale et que nous l'avons déjà vue en classe, les disquettes correspondantes existent. Un des petits bonshommes descend le dossier et les autres vérifient s'il est bien au clair, c'est-à-dire s'il ne s'est pas trompé de dossier et s'il a bien tous les repères. Quand tu mets un mauvais dossier dans l'ordinateur, il te donne une mauvaise réponse – mais ça, tu le sais. C'est pour ça qu'il est très important de vérifier qu'on est bien au clair avec les réponses qu'on va donner. Quand, pour une seule consigne, tu as plusieurs réponses qui viennent, tu peux être sûr que tu n'es pas au clair.

Ensuite, ça va tout seul : le petit bonhomme rapporte le bon dossier à l'ordinateur central. Dans ce dossier, il y a tout ce que j'ai déjà mémorisé : les virgules au dividende, les virgules au diviseur, les multiplications par 10, par 100 selon la place des virgules, etc. Et mon ordinateur me dit que je peux y aller : j'ai tout ce qu'il faut pour répondre à la consigne.

Parfois, les petits bonshommes cherchent mais ne trouvent rien. Il ne faut pas s'affoler parce qu'il y a alors deux raisons : ou c'est parce que je n'ai pas encore l'information en rayon – mais Hélène ne nous donne jamais de consigne sur des choses que nous n'avons pas encore vues – ou c'est parce que je n'ai pas mémorisé. Alors là, il ne faut pas s'affoler non plus : je demande tout simplement à Hélène de m'aider à faire revenir dans ma mémoire ce qui n'y est pas.

– Et ton ordinateur ne tombe jamais en panne ?

– Ah ben non, parce qu'il est branché sur ma tête. Et ma tête, elle ne s'arrête jamais.

ANTOINE DE LA GARANDERIE :

Ce qui frappe, chez Xavier, c'est sa « sécurité méthodologique » et la confiance « pédagogique » qu'il témoigne envers son institutrice. La tâche à accomplir dépend d'un instrument mental dont il sait qu'il pourra user en temps opportun. Les « choses » de l'école relèvent de moyens simples à mettre en œuvre : il n'y a pas lieu de s'inquiéter. Xavier a un outil – son cerveau – et quelqu'un pour lui dire clairement ce qu'il doit faire pour l'employer comme il convient. La consigne, dans ces conditions-là, n'a rien de menaçant !

Attends, je gère !

France, orthophoniste depuis une vingtaine d'années, me donne rendez-vous dans sa maison de la banlieue sud de Paris. Au téléphone, arriver chez elle a l'air tout simple et je suis convaincue d'avoir bien en tête le dédale des *« 3e feu à droite »* et *« 2e rue à gauche »*. Hélas, une fois au volant, impossible de revoir le plan dans ma tête et c'est un peu par hasard et avec une demi-heure de retard que je sonne à sa porte. Je suis confuse, mais France, d'un rire clair, m'absout : « Vous ne vous êtes pas fait d'évocation, c'est tout… »

Elle a invité Christiane, orthophoniste comme elle, pour qu'ensemble elles me racontent en quoi la « découverte » des thèses d'Antoine de La Garanderie a modifié leur pratique. Leur expérience repose à la fois sur une pratique libérale et sur un travail en I.M.Pro (Institut Médicoprofessionnel) qu'elles assurent auprès d'adolescents en grand retard scolaire, dont les troubles de comportement ne leur ont pas permis de suivre un enseignement « normal ».

France et Christiane mêlent et entremêlent leurs réponses à mes questions. Avec leur accord, j'ai choisi de faire de leurs deux voix un récit unique.

« Orthophonistes, nous manions depuis longtemps le "visuel" et l'"auditif". "Parler les images" fait partie de ce que l'université nous a enseigné. Nous proposions déjà à l'enfant de "voir" et "d'entendre" ; les exercices qui l'aident à comprendre le nombre, la numération ou le verbe n'ont pas changé. Ce n'est donc pas cet aspect de la gestion mentale qui a modifié notre pratique. Mais, quand nous avons "découvert" les thèses d'Antoine de La Garanderie, nous nous sommes rendu compte que nous n'accordions implicitement ni le temps de l'évocation ni le temps du projet. Et c'est sur ces deux éléments que nous avons beaucoup travaillé en leur donnant la place qui leur revient.

On n'imagine pas ce que l'on peut faire faire à des enfants à partir du moment où ils se mettent en projet. Nous avons tenté une expérience à l'I.M.Pro. Ces adolescents qui connaissent l'échec depuis longtemps, sont en rééducation permanente et vivent très mal leur situation. Apprendre à lire quand on a quinze ans, ce n'est pas facile ! Nous avons eu l'idée de les mettre en projet de faire un chèque : à cet âge-là, ils savent tous l'importance de ce bout de papier qui permet d'acheter des tas de choses convoitées et n'ont eu aucun mal à se mettre en projet.

Nous avons placé un chèque au milieu d'une grande feuille blanche et fléché toutes les informations qu'il contenait : la somme, en chiffres puis en lettres, le nom du destinataire, le lieu et la date et, enfin, la signature.

Pour écrire la somme, il fallait connaître la numération, savoir où on met la virgule. Ils nous ont aussitôt fait remarquer qu'il était inutile de leur dire comment on écrivait les millions, ou les milliards : ils n'auraient jamais assez d'argent pour les utiliser. Il ne leur était pas venu à l'esprit qu'on peut s'en servir pour autre chose que l'argent ! Nous leur avons raconté les distances de la Terre au Soleil, ou l'âge de notre planète. Ils ont trouvé ça “super”.

Pour écrire le montant du chèque en lettres, il fallait bien sûr connaître l'alphabet. Nous avons donc écrit, sur la grande feuille blanche, toutes les lettres de A à Z. Ce même alphabet nous servirait aussi à écrire le nom du destinataire du chèque et une partie de la date. La date, opération complexe, associait chiffres et lettres : nous avons donc écrit, pour les jours du mois, de 1 à 31 ; puis les jours de la semaine et les mois de l'année ; enfin les nombres 1988, 1989, etc.

Une fois ces cases remplies et gérées mentalement, restait la signature. Certains, parmi eux, ne savaient même pas écrire leur nom ! Imagine-t-on assez l'état d'angoisse dans lequel ces enfants – et les adultes qu'ils deviendront plus tard – se trouvent ? Ne pas savoir s'ils doivent mettre le *e* avant le *i*, ou le *i* avant le *e* pour écrire leur propre nom. Il nous a donc fallu leur apprendre à gérer et à évoquer leur nom et, à la fin de la séance, tous l'écrivaient correctement. Sans ce projet, fragile, qui les animait, ces adolescents n'auraient pas été capables d'appliquer ce que nous avions peu à peu construit.

Nous savons qu'il ne suffit pas de demander à un enfant de se mettre en projet pour qu'il le fasse, qu'il ne suffit pas de lui demander d'évoquer dans sa tête pour que le mécanisme se mette en route. La gestion mentale n'est pas une recette miraculeuse, elle est une réponse à de nombreuses interrogations. Et parce que toutes les techniques proposées par Antoine de La Garanderie ne sont pas immédiatement applicables en orthophonie, parce que nous ne sommes pas tout à fait d'accord pour tout miser sur le pédagogique – même s'il est vrai que c'est à l'école que se trouvent les débouchés les plus immédiats, même s'il est vrai que c'est dès la maternelle qu'elle devrait être appliquée – nous avons formé un groupe de recherche qui a pour mission d'explorer toutes les ressources de ce que nous appelons plus volontiers une philosophie de la vie.

Quand on travaille, comme nous, avec des enfants qui n'ont pas de projet, dont les parents déjà sont sans projet, on touche du doigt la vraie misère, qui est celle d'une vie où rien n'a de valeur, pas même la vie. Or, par le biais de la gestion mentale, on peut redonner à ces enfants, et à leur environnement familial, une nouvelle chance de vie, ce moyen de se revaloriser. Il s'agit ici de santé mentale, celle de la France de demain, car ces enfants qu'on traite d'idiots dès le cours préparatoire, et que l'école renvoie vers le néant, quels adultes espère-t-on qu'ils deviendront, sinon des révoltés ?

Apprendre à lire est sans doute l'une des choses les plus compliquées qui soient. Il faut savoir que certains enfants, ou adolescents, croient que pour lire un livre, ils devront connaître *tous* les mots du livre. Comment s'étonner alors s'ils baissent les bras avant même de commencer ? Pour pallier cette difficulté, nous avons mis au point, il y a quelques années, une méthode d'apprentissage qui a fait ses preuves : sur une feuille partagée en soixante cases, figurent tous les sons, les ponctuations et les combinatoires nécessaires à la lecture. Quand l'enfant apprend une voyelle, une consonne, un son ou une combinaison de sons, il colorie la case correspondante. Et il se met en projet de terminer sa feuille puisqu'il sait qu'à ce moment-là – nous le lui disons explicitement – il saura tout lire, une BD, un journal ou un livre. Cette méthodologie toute simple le rassure et le responsabilise par rapport à son apprentissage.

La séance d'orthophonie et l'école sont souvent vécues par les enfants comme deux mondes parallèles sans lien aucun, et il arrive fréquemment que certains lisent très bien avec nous alors qu'ils continuent d'ânonner en classe. Il fallait donc trouver un moyen d'établir le lien entre la séance où l'on est bien, où l'on s'amuse, où l'on est heureux, où l'on réussit parce qu'on est valorisé, et l'école comme lieu de possible valorisation. Il fallait mettre ce livre en projet : si tu es capable de lire ici, tu seras capable de lire là. Tu n'as pas une tête dans un lieu, et une autre ailleurs. Mais pour que l'enfant soit capable de se prendre en charge en dehors de la séance, je dois lui donner une méthodologie qui le soutiendra, où qu'il se trouve.

C'est en réfléchissant sur cette mise en projet nécessaire entre l'école et l'orthophonie que nous avons décidé de travailler, avec les enfants qui nous le demanderaient, sur leurs devoirs, chose que nous ne faisions jamais auparavant. Il y a pour cela une méthodologie particulière à mettre en place et nous avons pu constater que ceux qui l'utilisaient en séance, l'utilisaient à l'école : les résultats scolaires s'en trouvaient très vite améliorés.

Nous avons en séance une adolescente. Elle est en 5e et on lui a déjà signifié qu'elle ne passerait pas en 4e. Elle est intelligente, c'est une remarquable visuelle mais elle n'a aucune gestion auditive. Très angoissée en classe, elle ne se donne pas les moyens de faire des évocations et se sent complètement perdue. Récemment, elle devait préparer un devoir sur table en histoire et prévoyait déjà une note lamentable. Le cours portait sur les Incas. Qu'avons-nous fait ? Nous lui avons simplement appris à mettre des images dans sa tête et elle a réussi à gérer mentalement, visuellement, des noms qu'elle n'arrivait même pas à dire, comme Tupac Yupanqui. En classe, elle a pris le temps de gérer la consigne et d'évoquer ses images visuelles, et elle a pu répondre à toutes les questions posées – ce qui lui a valu une excellente note au grand étonnement de son professeur. Mais cette adolescente s'est entendu si longtemps qualifier de “nulle” qu'il faudra du temps, beaucoup de temps, avant qu'elle retrouve confiance en elle.

Autre cas dont nous nous occupons : une jeune fille qui, à l'âge de six ans, a été victime d'un accident de voiture qui a gravement endommagé son audition. Depuis, ses résultats scolaires ont été désastreux. Elle utilise très peu sa gestion visuelle et ne se fait aucune évocation. C'est sur ce terrain des images que nous avons travaillé et, depuis, ses progrès sont constants. Ce qui a été capital pour elle, c'est la prise de conscience que ses échecs n'étaient pas liés à une quelconque incapacité intellectuelle, mais tout simplement à une mauvaise utilisation des moyens dont elle disposait : disons qu'elle avait la voiture, mais pas l'essence. C'est un constat autrement plus facile à vivre ! Aujourd'hui, à vingt et un ans, elle est peintre et la région lui a déjà donné l'occasion d'exposer ses toiles. Ses parents n'en reviennent toujours pas…

Nous avons un enfant qui est en 4e et se trouve en situation d'échec scolaire. Plusieurs autres rééducateurs se sont déjà penchés sur son cas. La difficulté, avec un adolescent, c'est d'avancer sans casser son système ; bien ou mal, il l'a construit et il s'y accroche. Si vous y touchez, vous risquez de mettre l'enfant en danger. Nous avons donc pris l'habitude de proposer, dès la première séance, une espèce de contrat aux adolescents qui nous sont confiés : au bout des dix premières séances, ils décident s'ils veulent ou non poursuivre. Nous pensions que celui-ci abandonnerait parce que les séances ne donnaient pas grand-chose. Nous lui avions bien parlé de gestion mentale mais il n'accrochait pas vraiment. Il devait se dire que c'était encore un truc de grand. Pourtant, il a décidé de continuer.

Le déclic s'est produit peu de temps après. Au cours des vacances scolaires, il est allé voir *Fantasia*, et en est revenu tout excité : "Mais c'est vrai ce que tu m'as raconté, les histoires d'images dans la tête, et tout le reste ! Je n'arrive pas à retenir la musique, mais je revois bien les images, le bonhomme qui descend, les ballets…" Et il s'est mis à raconter *Fantasia* avec une multitude de détails, mais il lui manquait la musique. Nous nous sommes donc mis au travail pour la faire revenir. Je lui ai demandé de prendre une image du film – il a choisi l'apprenti sorcier – et de la garder dans sa tête. Ensuite j'ai fredonné l'air, je lui ai dit de bien garder l'image et de faire le projet de prendre la musique. Il s'est aussitôt mis en projet de gérer et tout s'est très bien passé. A la fin de la séance, il était tout content : il avait l'air dans sa tête. J'ai conseillé à ses parents d'acheter le disque pour qu'il puisse refaire le travail de projet et d'évocation. A la séance suivante, il avait le sourire : “Ça y est, j'ai la musique sur l'image !” Et il l'a chantée.

Olivier a cinq ans, et un retard de parole et de langage. Après les vacances de Noël, il voulait me parler du vélo qu'il avait reçu et le dessiner. Mais il n'y arrivait pas. Je lui ai donné les différentes procédures pour me dire son vélo : il pouvait le dessiner, bien sûr, mais aussi le parler ou l'écrire :

– Je sais pas écrire.

– Je vais te montrer comment on écrit vélo. Tu vas regarder les lettres, les mettre dans ta tête, apprendre à les lire et les écrire.

Je lui ai donné à gérer v-é-l-o, ce qu'il a fait. Puis je lui ai demandé s'il était prêt pour l'épeler :

– Attends ! Je gère... a-t-il alors répondu, sur un ton qui n'appelait aucune réplique.

Puis, quelques minutes plus tard :

– J'ai pas le chapeau. J'ai bien *v-e-l-o* dans ma tête, mais j'ai pas le chapeau.

Il a donc pris quelques instants de plus pour mettre son chapeau sur le *e* et il a pu lire ce mot. La semaine suivante, j'ai écrit vélo au milieu de cinq ou six autres mots, il l'a immédiatement reconnu et lu. Nous avons ensuite appris à l'écrire, ce qu'il a fait sans aucune difficulté. Et, depuis, nous jouons avec lui à gérer d'autres vélos, d'autres chapeaux. »

Antoine de La Garanderie :

Ce témoignage est d'une grande clarté et il situe parfaitement l'apport propre de la gestion mentale dans le domaine de l'orthophonie. Il n'est pas question d'arriver sur le terrain de l'éducation et de la pédagogie avec des prétentions de matamore : le travail accompli par les orthophonistes a bien sûr sa propre validité en dehors de la gestion mentale et les moyens qu'ils emploient avec ingéniosité pour rendre intelligibles des concepts présentés de façon formelle par l'école sont à prendre en compte.

Mais France et Christiane ont retenu sur leur terrain l'essentiel de la pédagogie de la gestion mentale et, en agissant ainsi, elles mettent l'accent sur le « point » fondamental de nos propositions pédagogiques : la vie mentale s'active et se développe par sa mise en situation de projet d'évoquer le perçu. C'est seulement quand le perçu est évoqué par une expression mentale, visuelle, auditive ou verbale, que la compréhension, la mémorisation, la réflexion, le développement créatif deviennent possibles.

Si on ignore cette loi, on en reste en pédagogie à la seule répétition ou reproduction perceptives, estimant que les « têtes dures » vont finir par se laisser pénétrer. Cette procédure repose sur une méconnaissance persistante, résistante : c'est bien l'évocation et non la perception qui ouvre le champ de la mémoire et de l'intelligence.

Il dessine « chat » dans l'espace

Institutrice-chargée d'école, c'est-à-dire occupant les fonctions de directrice, Monique a participé, dès 1982, au groupe de recherche et d'expérimentation sur les habitudes de gestion mentale qui s'est tenu au sein de l'Éducation nationale jusqu'en 1985. Dans sa banlieue nord de Paris où elle instruit le cours préparatoire, elle se lance dans l'expérimentation *in vivo* de cette nouvelle pédagogie.

Antoine de La Garanderie viendra plusieurs fois assister à sa classe et constatera que non seulement elle ne trahit pas sa pensée, mais qu'elle y ajoute même des éléments intéressants, comme celui de faire dire la consigne par des élèves parce qu'elle avait constaté que sa voix ne « passait » pas avec certains enfants.

En 1986, Monique rassemble toutes les données de son expérimentation dans un mémoire et devient maître-formateur :

« Appliquer la gestion mentale dans une classe n'est pas chose facile et c'est en fonction de sa propre démarche pédagogique que chacun peut trouver sa stratégie. Pas question de “se passer un tuyau” entre collègues, ce que beaucoup souhaiteraient. Mais s’il y a un conseil à donner à tous ceux qui se forment, efficace en toute occasion, c’est bien le suivant : pour faire fonctionner une classe en gestion mentale, il faut faire passer le message sous les deux formes, l’auditive et la visuelle, et mettre les enfants en état de projet. Ce sont là les deux démarches indispensables.

Comment ne pas être séduit, quand on est enseignant, par une pédagogie dont l’*a priori* est la réussite de tous ? Ma longue expérience de cours préparatoire me permet d’affirmer que ce n’est pas un leurre à partir du moment où l’on donne aux enfants les moyens d’y arriver. Et la gestion mentale en est un.

Dans l’école où j’enseigne, nous avons en moyenne 65 % d’enfants migrants – et parfois jusqu’à 40 % de non-francophones. Quand on est convaincu, comme je le suis, que ces enfants-là ne sont pas moins intelligents que leurs petits camarades français, on ne peut qu’avoir envie de les aider à conquérir le savoir, et à réussir. Entendons-nous, bien sûr, sur le sens de cette réussite : tous ne seront pas polytechniciens, mais ils auront en tout cas les moyens d’atteindre le maximum de leurs capacités.

Pour apprendre à lire aux enfants du cours préparatoire, j’ai l’habitude de pratiquer des méthodes d’inspiration foucambertiste, c’est-à-dire fondées non sur le syllabique mais sur le sens d’un texte et toutes les hypothèses possibles à partir de ce texte. Or la mémoire joue un très grand rôle, et le travail préconisé par Antoine de La Garanderie sur la mémorisation par les images et le projet ne peut que compléter habilement cette technique.

A partir du moment où l'enfant comprend qu'il a en lui des possibilités pour apprendre, on a déjà fait un grand pas dans le processus de l'acquisition des connaissances. Il ne reçoit plus passivement l'enseignement, il apprend à se saisir du savoir dont l'enseignant n'est plus le seul magicien à détenir les clefs. La demande traditionnelle de l'élève, que je formulerai par “Tu sais, donc tu vas me dire”, passe très vite à “Tu as des moyens pour savoir : apprends-les-moi”. Les relations entre élèves et entre élèves et enseignant s'en trouvent forcément transformées.

On ne s'ennuie jamais dans des classes de ce type. Le maître se retrouve tour à tour acteur – quand il donne le message –, observateur – pendant le temps d'évocation et de mise en projet de l'élève – et meneur de jeu – quand les élèves, souvent collectivement, restituent le message. Eux apprennent à gérer leur attention, à réfléchir, à se taire aussi. Et quand ils essaient de revoir dans leur tête, ou de réentendre le message qu'on leur donne, c'est un moment extraordinaire où la qualité du silence est absolument unique.

A l'entrée au cours préparatoire, l'enfant connaît au mieux ses lettres. La mémorisation d'un mot n'est pas chose facile. Ensemble, nous avons inventé et mis au point une sorte de code représentant les lettres de l'alphabet : le *u* devient *les dents de la fourchette*, le *t* est *le gendarme avec son képi*, pour le *m*, ce sont *trois petits ponts qui jouent à saute-mouton*, etc. Les enfants s'habituent aux lettres sans connaître leur nom et ce n'est qu'à mesure qu'ils conquièrent le véritable nom de la lettre que le code disparaît.

Prenons l'exemple d'un nouveau mot étudié, *chat*. Avec la méthode de La Garanderie, les enfants le restituent presque tous – en tout cas plus de 80 % – en cas de contrôle immédiat et, en différé, de une à plusieurs semaines plus tard, les trois quarts d'entre eux le restituent très exactement. Cette proportion reste constante toute l'année ce qui, je l'affirme – et aucun maître de cours préparatoire ne pourrait me démentir –, est un résultat tout à fait performant.

Au tableau, nous dessinons un chat et écrivons le mot à côté. Je précise aux enfants qu'il s'agit d'apprendre à écrire le mot dans le but de le reproduire sans modèle, immédiatement et plus tard. Pour les visuels, je donne les directives suivantes : regardez bien, pour revoir dans votre tête. Il y a deux lettres plus grandes que les autres au-dessus de la ligne, une petite lettre d'abord, puis une grande, de nouveau une petite et une grande. C'est la forme des dents de la scie.

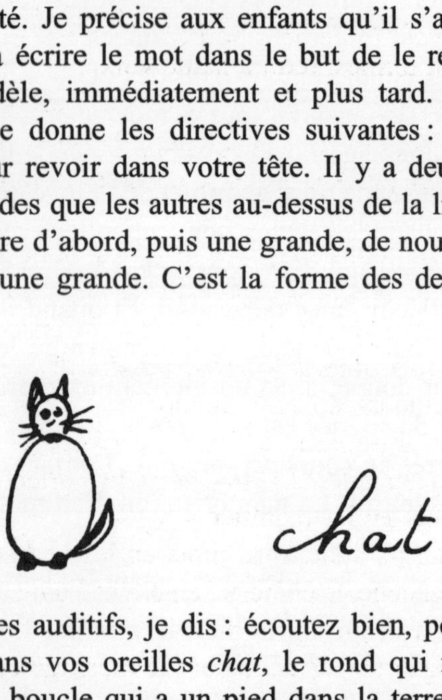

Pour les auditifs, je dis : écoutez bien, pour réentendre dans vos oreilles *chat*, le rond qui n'est pas fermé, la boucle qui a un pied dans la terre, le rond avec la queue en bas et le képi du gendarme.

J'insiste encore sur la mise en projet : attention, je regarde, j'écoute, dans le but de revoir dans ma tête, ou de réentendre dans mes oreilles. Un jour, je me suis rendu compte que ma voix ne "passait" pas avec certains enfants et j'ai pris l'habitude de faire dire le message par une voix d'enfant.

Chacun choisit de regarder pour revoir dans sa tête, ou de dire pour réentendre dans ses oreilles. Déjà s'installe, chez chacun, la perception de sa caractéristique. Je laisse le temps de revoir, ou de réentendre. Et quand ils pensent y être parvenus, chacun me dit, à sa façon, ce qu'il a mis dans sa tête : le visuel, les yeux fermés, dessine *chat* dans l'espace ; l'auditif, les yeux également fermés, redit à haute voix.

Je rappelle qu'avant d'écrire sur l'ardoise il faut revoir dans sa tête, ou réentendre dans ses oreilles. Et c'est là, sur l'ardoise, que je constate la réussite dont je parlais plus haut.

Nous racontons aussi des histoires, pour mémoriser plusieurs mots à la fois. Il était une fois un petit chat perdu et kidnappé. Les ravisseurs ont laissé un message en trois mots : *château*, *moulin* et *boulangerie*, que les enfants doivent mémoriser. Nous dessinons l'itinéraire d'un point à l'autre, écrivons et lisons les mots correspondants. Puis nous les effaçons et les enfants doivent les restituer.

Les auditifs situent les mots en les verbalisant : en haut et à gauche, le château ; en bas et à gauche, la boulangerie ; à droite au milieu, le moulin. Les visuels, eux, enregistrent visuellement le message et mémorisent simultanément les mots.

Il y a d'autres exercices de mémorisation, plus dif-

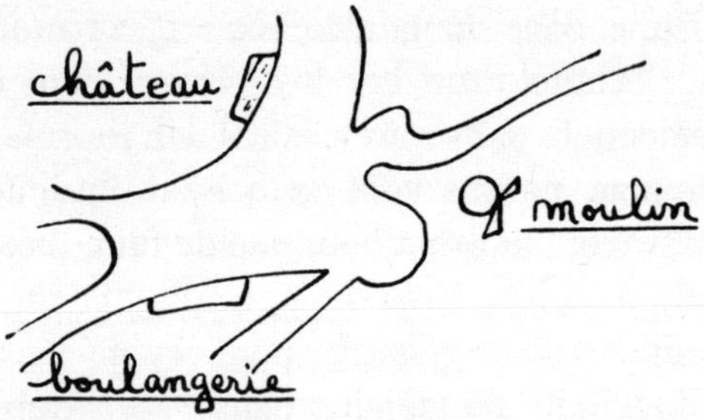

ficiles, comme celui qui consiste à mémoriser plusieurs mots à partir d'un seul. Prenons l'exemple de *poisson* et des six mots qui en découlent : *écailles*, *yeux*, *bouche*, *ouïes*, *nageoires* et *queue*. Nous dessinons un poisson et, à l'aide de flèches, nous situons les mots à apprendre. Les enfants devront les écrire sur un dessin vierge qui ne porte plus que les flèches.

Phase 1 : présentation Phase 2 : exercice

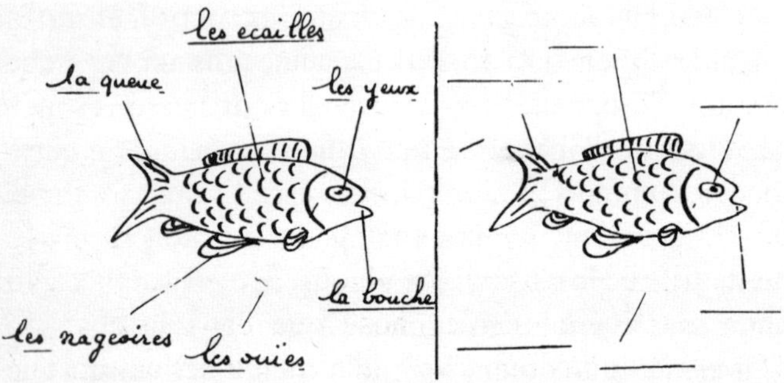

Dans cet exercice, la réussite atteint environ 80 %. Mais si je supprime le dessin et demande aux enfants d'écrire les mots en me contentant de préciser leur emplacement sur le dessin initial, la réussite n'est plus que de 70 %. Si je demande encore d'écrire les mots mais sans l'aide du support dessin, ni référence à leur emplacement, la perte est sensible. Les enfants qui y parviennent encore sont ceux qui ont intégré la démarche et se "redisent" ou "réentendent" dans leur tête avant d'écrire. Ceux-là ont conquis un moyen d'apprendre.

Cette méthode d'acquisition de l'orthographe permet à l'enfant, à son rythme et selon la démarche qui lui est propre, de faire des comparaisons qui le conduisent à trouver le code de l'écriture. Elle développe chez lui le sens de l'initiative, et le goût de l'observation (il va repérer les "témoins" que sont la ponctuation, les majuscules ou les minuscules). Il apprend ainsi à formuler des hypothèses ou à rechercher des analogies.

Prenons un exemple précis pour mieux comprendre. Nous lisons : "Les petits jardiniers ont coupé l'herbe pour faire du foin, ils la ramassent avec leurs râteaux." Comme ils en ont pris l'habitude, certains redisent, d'autres dessinent. Ils se remémorent "les yeux fermés dans leur tête". Un élève lit "foin" et me dit : "Ça commence comme fenêtre." Un autre lit "râteaux" et me dit : "Ça commence comme Rama (le prénom d'une petite fille de la classe), et j'ai regardé après et j'ai revu dans ma tête la même chose que dans la chanson *Maman les p'tits bateaux*." Je n'imaginais pas qu'une démarche aussi remarquablement organisée et verbalisée fût possible à cet âge-là. Et cette procédure a servi à tous les autres enfants qui se sont livrés, jusqu'à la fin de l'année, à ces jeux de recherches et d'analogies.

Dans la méthode foucambertiste, l'enfant doit expli-

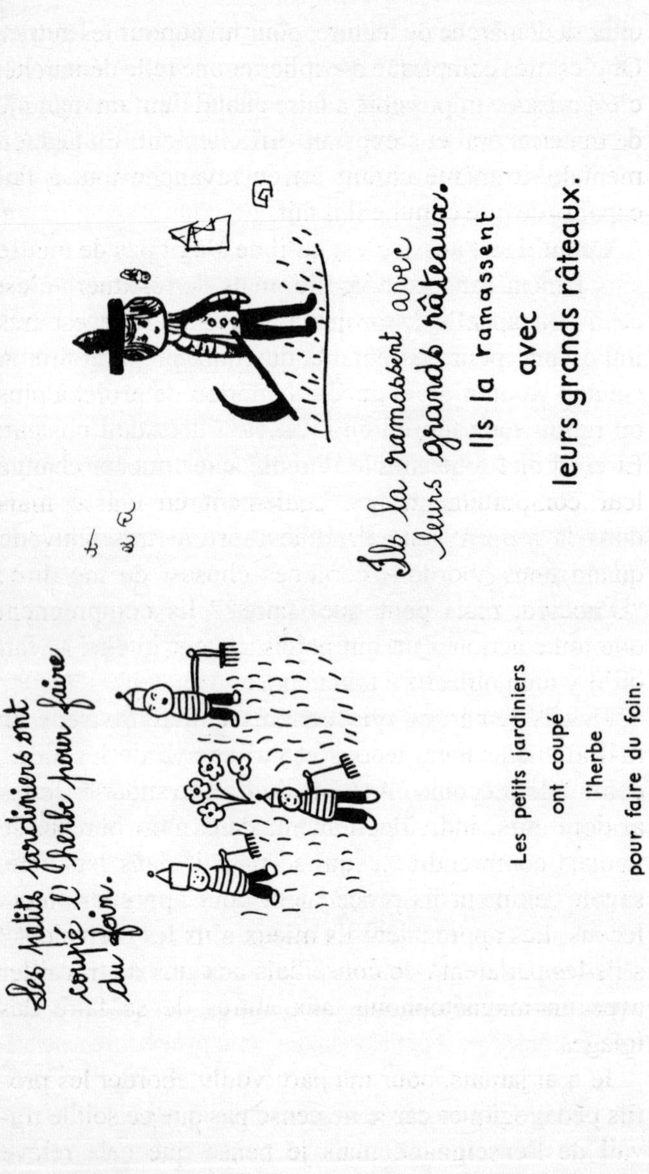
Les petits jardiniers ont coupé l'herbe pour faire du foin.
Les petits jardiniers
ont coupé
l'herbe
pour faire du foin.
Ils la ramassent avec leurs grands râteaux.
Ils la ramassent
avec
leurs grands râteaux.

citer sa démarche de lecture, pour lui et pour les autres. Or c'est très compliqué d'expliciter une telle démarche, c'est presque impossible à faire quand l'enfant manque de matériel oral et s'exprime difficilement. En gestion mentale, le même enfant est en revanche tout à fait capable de dire comment il fait.

Ce qu'il sait aussi, c'est qu'il ne s'agit pas de mettre simplement dans sa mémoire, mais de restituer : c'est ce qu'on appelle le projet. Cette démarche est très importante pour des enfants de cours préparatoire. A cet âge-là, on n'a pas encore la notion de projet à plus ou moins long terme, on vit surtout l'instant présent. Et ce projet tout simple d'avoir à restituer a changé leur comportement, non seulement en classe mais dans la vie en général. Il leur arrive très souvent, quand nous abordons certaines choses, de me dire : "D'accord, mais pour quoi faire ?" Ils comprennent que toute action a un but précis, ils ont intégré le fait qu'il y a un objectif à toute chose.

J'avais remarqué que certains enfants avaient du mal à étudier leurs leçons et j'ai essayé de les aider, comme le préconise Antoine de La Garanderie. Je les ai donc pris, individuellement, dans mon bureau. Je voulais comprendre ce qui se passait dans leur tête, savoir comment ils procédaient pour apprendre leurs leçons. Les apprenaient-ils mieux s'ils les écrivaient ? s'ils les parlaient ? Je conseillais aux uns de travailler avec un magnétophone, aux autres de se faire des images.

Je n'ai jamais, pour ma part, voulu aborder les profils pédagogiques car je ne pense pas que ce soit le travail de l'enseignant, mais je pense que cela relève plutôt du psychanalyste. Je crois personnellement que la démarche peut être dangereuse si elle est utilisée par des gens mal armés. Le profil nécessite un entretien en profondeur avec l'enfant et je n'ai aucunement l'envie de jouer aux apprentis-sorciers. Certains enseignants déterminent hâtivement les visuels et les auditifs et, souvent, établissent une hiérarchie entre eux, où les visuels deviennent des êtres supérieurs. Auditive moi-même, vous imaginez à quel point ce type de discours m'intéresse…

Nous avons tous une langue dominante mais, selon les disciplines, nous pouvons utiliser l'autre. Antoine de La Garanderie n'a-t-il pas constaté que tous les élèves des grandes écoles utilisaient les deux ? Notre rôle d'enseignant – et la gestion mentale est, là, irremplaçable et unique – est de faire prendre conscience à l'enfant qu'il a en lui un moyen, que ce moyen est aussi bon que celui du voisin, ou que celui du maître, même s'il est différent. Et que rien ne l'empêche même de conquérir celui du maître. L'enfant ainsi responsabilisé se trouve valorisé, et il a envie de progresser, de se perfectionner. Quand il se fait l'acteur de sa réussite, il est déjà sorti d'affaire. »

Antoine de La Garanderie :

Ces élèves appartiennent dans leur majorité à la catégorie des enfants défavorisés. Or la conclusion de Monique est que, hormis ceux bien sûr qu'arrêteraient de graves accidents de santé, tous peuvent réussir leur scolarité. Ce qui devrait être, partout et toujours, la loi commune.

Monique met l'accent sur l'essentiel : les procédures pédagogiques que nous proposons n'appartiennent pas à l'ordre de la « recette », mais découlent des lois du fonctionnement cérébral. Il n'est donc pas question pour l'enseignant de n'en faire qu'à sa tête. Il doit au contraire s'en tenir soigneusement à la discipline du projet, du temps d'évocation, des deux présentations de l'information, visuelle et auditive. Monique a parfaitement raison de le rappeler.

La qualité de ce silence dont parle Monique, caractéristique du temps de l'évocation, est une preuve de la validité psychologique de la méthode. Les élèves y font l'expérience de leur capacité « naturelle » à tirer parti des connaissances que l'enseignant leur propose d'acquérir et se préparent à les mémoriser et les comprendre.

La galette est sur la table

Ce que vous allez lire se passe dans une école maternelle, mais ce n'est pas le résultat d'un de mes reportages. Ces dialogues sont extraits d'un mémoire de maîtrise (« Vers une pédagogie de la gestion mentale à l'école maternelle », 1987, Maîtrise en Sciences de l'éducation) qu'une jeune institutrice de la région d'Angers, Marie-Pierre Gallien-Legrand, a soutenu avec succès à l'université Lyon II. Son directeur de maîtrise n'est autre qu'Antoine de La Garanderie.

Les enfants qu'elle a rencontrés sont déjà en situation d'échec ! En grande section de maternelle ! Et Mme Gallien-Legrand part de l'hypothèse suivante : « Si un enfant, même en maternelle, est en situation d'"échec", c'est parce qu'il ne gère pas, ou qu'il gère mal, les images mentales visuelles ou auditives. »

« Pratiquer la gestion mentale dans sa classe, écrit-elle, ce n'est pas apporter des solutions miracles, c'est simplement donner à l'élève les outils nécessaires à son travail scolaire, tout comme l'apprenti menuisier a besoin d'un marteau, d'une scie et de pointes pour faire le sien. On ne demande pas à ce dernier de réaliser un meuble sans lui donner tout ce qu'il faut pour qu'il le réalise. Pourquoi néglige-t-on alors de donner à l'élève les outils et la marche à suivre pour atteindre le but, l'acquisition des connaissances ? Ce n'est qu'en lui donnant ces moyens qu'on le rend pédagogiquement autonome. »

Écoutons-la raconter Marielle, Karine, Christelle et les autres.

« Marielle, cinq ans et demi, s'apprête à faire un puzzle en s'aidant d'un modèle.

– Et si tu essayais de le faire sans le modèle ?

– Oui, j'veux bien ! répond Marielle qui enlève le modèle et commence son puzzle.

Elle pose les huit pièces, me regarde et me dit :

– J'me rappelle plus.

Je reprends le modèle et le lui mets sous les yeux :

– Avant de commencer le puzzle, on va bien regarder le modèle, d'accord ?

– Oui.

– On le regarde bien et on se le raconte pour s'en souvenir tout à l'heure.

Ensemble, nous regardons et énumérons les différents personnages et objets.

– Maintenant, ferme les yeux et essaie de le revoir ou de te le raconter.

Marielle ferme les yeux et cache sa tête dans ses mains. Puis, dix secondes plus tard :

– Ça y est !

Elle commence son puzzle et le raconte en même temps : “Ça, c'est la serviette du petit garçon qui pique-nique…” Elle réussit à le faire toute seule.

– Bravo, Marielle, tu as bien réussi sans le modèle. Mais comment as-tu fait pour te le rappeler ?

Elle n'a pas l'air de comprendre ce que je lui demande.

– Tu te rappelais toute seule dans ta tête, sans le modèle ?

Elle fait oui de la tête et ajoute :

– Le facteur il est au milieu et pis les p'tits enfants qui pique-niquent, ils sont là. Là y'a la maison et pis le tracteur.

En énumérant chaque miniscène du puzzle, Marielle montre avec son doigt dans le vide le puzzle qu'elle évoque mentalement.

Karine est à sa table. Elle dessine. Au bout de quelques minutes, elle s'arrête. Nos regards se croisent :

– J'sais pas faire un avion.

– Ferme les yeux, Karine, et essaie d'en voir un. Quand tu le vois dans ta tête, tu le regardes bien. Après tu pourras le dessiner facilement.

Au bout de quelques secondes :

– J'arrive pas.

– Essaie encore une fois en pensant à ceux que tu vois parfois passer dans le ciel.

Encore quelques secondes et Karine me regarde avec un grand sourire :

– Ça y est !

– Eh bien, vas-y, dessine-le.

Et Karine dessine un superbe avion.

– Mais il est très réussi, ton avion, Karine !

Elle acquiesce d'un signe de tête.

– Tu vois, tu n'as pas besoin que je vienne t'aider pour dessiner : tu y arrives très bien toute seule.

– Ben oui ! Mais tout à l'heure je savais pas comment faire.

– Et maintenant, tu sais comment faire ?

– Oui.

– Alors, si un jour il y a un enfant de la classe qui n'arrive pas à dessiner ce qu'il veut, tu pourras l'aider ?

– Oui !

– Comment feras-tu ?

– Je fermerai les yeux et puis je regarderai dans ma tête, pis après je dessinerai.

– Oui, mais ce serait mieux si tu pouvais lui donner des conseils pour qu'il le fasse tout seul.

– Ben alors je lui dirai de fermer ses yeux et de regarder pis de…, pis alors de dessiner.

Christelle fait un puzzle à emboîtement, quatre puzzles en bois qu'elle emboîte les uns sur les autres. Je m'approche d'elle, elle fait les premiers sans aucune difficulté. Admirative, je lui dis :

– Comment fais-tu pour y arriver aussi vite ?

– J'm'en rappelle.

– Tu t'en rappelles, mais comment fais-tu pour t'en rappeler aussi bien ?

– J'm'en rappelle dans ma tête.

– Tu les vois bien ?

– Oui !

– Alors tu pourrais me raconter celui que tu vas faire puisque je ne le connais pas, d'accord ?

– C'est une grand-mère avec un chat. Le chat, il est

sur ses genoux. Elle est assise sur une chaise et puis ses cheveux ils sont gris, sa robe, elle est bleue.

– Bravo ! Maintenant, tu peux le faire.

J'écris sur une feuille :

LA | GALETTE | EST | SUR | LA | TABLE

et je demande à Vincent de me dire quel mot se trouve après “galette”. Il n'arrive jamais à donner la bonne réponse parce qu'il ne comprend pas la signification du mot “après”.

Je lui demande s'il accepterait que je lui donne un petit conseil pour trouver la bonne réponse. Il acquiesce.

– Avec quelle main écris-tu, Vincent ?

Il me montre sa main droite.

– Eh bien, Vincent, tu vas bien écouter ce que je vais te dire et bien regarder pour toujours avoir “tout bon” lorsque la maîtresse te demandera quel est le mot qui se trouve “après” ? D'accord ?

– Oui.

– A chaque fois que tu entendras ta maîtresse dire : “Quel est le mot qui se trouve après…”, tu prendras ta main qui écrit (je prends sa main droite et la lève légèrement) et tu mettras ton doigt sur le mot que dit la maîtresse. Par exemple : quel est le mot qui se trouve après “galette” ? Tu prends ta main qui écrit (il lève sa main droite), tu mets ton doigt sur “galette” (il pointe son doigt sur le mot “galette”).

Je me place derrière Vincent, je prends la main dont l'index reste pointé sur “galette” et je la déplace lentement vers la droite en faisant un arc de cercle et en disant : A-P-R-È-S.

– Maintenant, ton doigt est sur quel mot, Vincent ?

– “Est”.

– Eh bien, tu vois, c’est ça. Alors maintenant, tu vas fermer les yeux et tu vas voir et/ou te raconter dans ta tête ce que tu peux faire pour répondre correctement à ce que te demande ta maîtresse.

Vincent ferme les yeux quelques secondes pendant lesquelles il fait le geste de lever sa main droite et de la déplacer vers la droite. Puis il rouvre les yeux.

– Que s’est-il passé dans ta tête ? Qu’as-tu fait ?

– Ben, quand la maîtresse elle dit : “après, c’est quoi ?”, je prends ma main qui écrit (il la lève) et pis je fais ça (il la déplace vers la droite).

– On fait un petit essai ?

– Oui.

– Je suis la maîtresse et je te dis : Vincent, quel est le mot qui se trouve après “sur” ?

Vincent prend son temps, il lève sa main droite, pointe son doigt, la déplace vers la droite et dit :

– “La”.

– Bravo, Vincent. Il faudra que tu penses à faire la même chose demain si la maîtresse t’interroge. D’accord ?

Il acquiesce avec un grand sourire.

Céline est en moyenne section. Sa maman vient la chercher à l’école et raconte à l’institutrice la scène suivante :

– Hier soir, j’appelais mon mari pour lui dire quelque chose. Il ne m’a pas répondu tout de suite.

Lorsqu'il m'a demandé, un peu plus tard, ce que je voulais, je lui ai répondu que je ne m'en souvenais pas. Céline m'a alors regardée et m'a dit : “Ferme tes yeux, maman, ça va te revenir.” Je surprends souvent Céline en train de fermer les yeux à la maison. Je lui propose alors d'aller s'allonger si elle est fatiguée. Et Céline me répond : “Je réfléchis !” »

La gestion mentale en famille

Quand l'institutrice de sa fille a proposé aux parents de suivre un stage de formation, Odile a accepté de jouer le jeu. Mais, très vite, ce qui n'était d'abord qu'un moyen pour « aider » ses enfants dans leur travail scolaire est devenu une véritable passion. La gestion mentale a bouleversé la vie de cette belle jeune femme toujours en mouvement.

« Tout parent est un pédagogue à part entière puisqu'il apprend chaque jour la vie à ses enfants. Faire de la gestion mentale en famille, sous forme de jeux ou à l'occasion des devoirs à la maison, c'est un moyen de développer et d'enrichir la relation entre parents et enfants. C'est même parfois le meilleur moyen pour aplanir les difficultés, puisque chacun apprend à connaître et à respecter le fonctionnement de l'autre, forcément différent.

Avant d'avoir lu les livres d'Antoine de La Garanderie, quand mes enfants se mettaient au travail, j'avais tendance, avant même qu'ils m'aient appelée pour résoudre un problème ou faire une rédaction, à précéder leur demande – ce qui revenait la plupart du temps à faire le travail à leur place. Aujourd'hui, tout en étant aussi présente, j'attends qu'ils me sollicitent et, à partir de ce qu'ils font, nous réfléchissons ensemble sur la méthode appropriée.

Ma fille avait pour consigne de réviser les huit temps du mode indicatif de cinq verbes. Paniquée par l'ampleur de la tâche, elle ne savait par quel bout commencer. Appelée à l'aide, je lui ai d'abord demandé si elle pouvait trouver des points communs entre tous ces temps. Elle a réfléchi un moment et m'a proposé de faire un tableau pour les quatre temps simples à partir des infinitifs en n'écrivant que les terminaisons propres à chaque temps. Puis elle a réfléchi aux temps composés et m'a dit que, pour tous les verbes, le point commun était l'auxiliaire conjugué suivi du participe passé. Elle a donc fait son deuxième tableau.

Il s'agissait alors de mémoriser les deux tableaux. Je lui ai conseillé de les mettre dans sa tête sous la forme qu'elle voudrait – de les voir, ou de se les redire. Sa façon de procéder dans sa tête ne regarde qu'elle. Elle a pris le temps nécessaire et, avec un beau sourire, elle m'a dit : “Ça y est, maintenant je n'ai plus de problème, je me les parle bien.” Le lendemain, elle n'a eu aucun mal à se refaire les évocations nécessaires et à restituer en classe ce qu'elle avait parfaitement mémorisé à la maison.

Ces moments où, à égalité, parents et enfants cherchent ce qu'on appelle la “procédure efficace” – c'est-à-dire celle qui permet à chacun d'arriver à se saisir de l'information – cimentent la confiance : il n'y a plus, d'un côté, celui qui sait, de l'autre, celui qui ne sait pas. Très souvent même, la façon dont l'un fonctionne aide l'autre à trouver sa propre procédure ou à acquérir celle qui "marche" bien.

Mon fils, très visuel lui, avait un exercice de maths dont l'énoncé était deux séries de nombres : dans la première, les nombres étaient placés dans un ordre croissant mais avec des trous ; la seconde était formée de nombres donnés dans le désordre. Il fallait placer les nombres de la seconde série dans les trous de la première. Mon fils a regardé ses deux colonnes de nombres et, en quelques instants, il a trouvé sa procédure efficace qui lui a permis de lire, impeccablement complétée, la première série.

Stupéfaite – je n'en étais qu'au deuxième nombre –, je lui ai demandé comment il avait fait : "J'ai photographié la série à trous dans ma tête, j'ai gardé l'image et à chaque fois que j'ai vu dans l'autre colonne un nombre qui entrait dans un trou, je l'ai placé." Je lui ai raconté ce que j'avais moi-même à peine commencé : je n'avais bien sûr rien photographié, j'avais pris le premier nombre de la seconde série et, pour le placer dans la série à trous, j'avais dû lire toute la série. Évidemment, j'en étais à peine au deuxième… Il a bien ri et m'a dit que je devrais prendre exemple sur lui. Il était tout fier d'avoir trouvé avant moi.

En gestion mentale, chacun apprend à respecter le fonctionnement de l'autre, à respecter les différences. Et si vous respectez les différences mentales, vous apprenez par la même occasion à respecter naturellement *toutes* les autres différences…

Cette philosophie de la vie a renforcé ma conviction que tout peut s'apprendre à partir du moment où vous connaissez les processus à mettre en œuvre pour acquérir un geste, une pratique ou un savoir. Nous sommes loin de ce que l'on appelle le don ! J'ai compris aujourd'hui pourquoi je chantais désespérément faux : ce n'était jamais la voix des autres, ou la musique, que j'entendais dans ma tête, mais ma propre voix. J'ai fait des exercices à l'aide d'un orgue et je commence à chanter juste.

Autre domaine où je n'étais, comme on dit, pas "douée", mais alors pas du tout : le dessin. Tous ceux qui, comme moi, ne savent pas dessiner me comprendront. Or, riche de ce que m'avaient enseigné les livres d'Antoine de La Garanderie, j'ai eu envie d'aller plus loin dans mes lectures et j'ai découvert celle qui allait m'aider à dessiner. Et, pour quelqu'un qui revient d'aussi loin que moi en la matière, je peux dire que ce que j'arrive à faire aujourd'hui n'a pas fini de m'étonner.

Quand je regardais un arbre, je me disais : c'est un arbre, et un arbre c'est un tronc et des feuilles, du vert et du marron. J'avais beau essayer, après cela, de le dessiner, tous ces mots que je mettais entre ma perception de l'objet et l'image visuelle dans ma tête étaient autant d'obstacles à l'exécution du dessin. J'ai appris à taire – partiellement du moins – ce discours intérieur. Il m'a fallu du temps, beaucoup de temps, et des heures d'exercice. Mais j'ai appris à photographier l'arbre et à tirer de cette photographie les lignes au bout de mon crayon. Et le résultat est *vraiment* un arbre !

On n'y arrive bien sûr pas sans un certain nombre de techniques opératoires dont la première consiste à dessiner à l'envers : prenez un dessin assez compliqué, retournez-le et interdisez-vous d'en nommer les parties que vous reconnaissez. Si c'est un coude par exemple, ne vous dites pas : c'est un coude. Le seul commentaire autorisé peut porter sur la longueur des lignes, ou l'angle par rapport aux bords. Vous dessinerez un coude.

Partout, des gens réfléchissent et essaient d'avancer dans la découverte du champ mental. Mais, sans l'apport initial de la gestion mentale, je n'aurais jamais songé à aller plus loin, ni avec mes enfants ni en moi. Il ne s'agit pas d'en faire une religion, mais d'en tirer tout le bénéfice qu'elle peut apporter dans la vie de tous les jours. C'est le moyen d'ouvrir les portes du monde le plus vaste, le plus fantastique qui soit : celui qui est dans votre propre tête. »

ANTOINE DE LA GARANDERIE :

Comme Odile, tous les parents peuvent se mettre à l'écoute de leurs enfants pour leur apporter le concours dont ils ont besoin. Mais ce qui me semble important dans ce témoignage, c'est la démonstration qu'on peut passer d'une « langue maternelle pédagogique » à l'autre, et je voudrais l'illustrer par un exemple personnel.

J'ai été, les lecteurs le savent, un « gaucher contrarié ». Je m'étais affirmé avec passion sur des terrains où ma surdité n'entravait pas mon action. Sur le plan intellectuel, le bridge m'a permis de me livrer à une activité de réflexion que j'ai pu acquérir en raison de la proximité physique (autour d'une table) de ceux qui m'ont enseigné les règles du jeu. Sur le plan physique, j'ai choisi deux sports dont l'un me permettait de faire jouer ma jambe gauche, l'autre mon bras gauche. Tout cela me semble révélateur.

L'autre jour, en cueillant des cerises, je me suis aperçu que je le faisais de ma main droite. Pourquoi ne pas me servir de ma main gauche, me suis-je dit ? Or cueillir des cerises fait partie non pas des jeux, mais des activités contrôlées pour lesquelles je « dois » utiliser ma main droite. Et si j'essayais avec ma main gauche ? A ma grande surprise, j'ai constaté que je procédais alors d'une tout autre façon.

Si j'utilise ma main droite, je me donne des consignes en me parlant : il faut que je décroche bien la queue des cerises, sans casser les branches. Que ces queues sont difficiles à atteindre, toutes entremêlées ! Si j'utilise ma main gauche, je regarde sans rien me dire et je repère du regard l'endroit précis où la queue de la cerise tient à l'arbre. Cette différence dans ma manière de conduire l'opération n'est-elle que l'effet du hasard ? Est-elle influencée par les recherches que je conduis en psychologie de la vie mentale (on sait qu'un chercheur est tenté de voir se réaliser ce qu'il souhaite découvrir) ?

J'ai pu rapidement écarter ces deux suppositions. Je me suis en effet souvenu que, dans mes activités sportives où jambe et bras gauches jouent le rôle principal, les perceptions visuelles guidaient leurs actions : faire la passe à un partenaire démarqué, shooter dans le coin du but, placer la balle le long des lignes, loin de l'adversaire... L'hypothèse s'est alors imposée à ma pensée : étant gaucher, j'étais spontanément enclin à réagir aux perceptions visuelles par des gestes d'adaptation de ma main gauche. Mais l'éducation me commandait de stopper ce mouvement pour faire agir ma main droite : quand on serre la main de quelqu'un, c'est la droite qu'on doit tendre ; c'est avec sa main droite qu'on tient sa cuillère ou sa fourchette ; c'est avec la main droite qu'on écrit. Cela revenait d'une façon lancinante.

Qu'ai-je fait pour lutter contre ma spontanéité qui entraînait la réaction inconvenante de ma main gauche ? Il me fallait en éviter le risque, mais comment ? Tout simplement en m'abstenant de regarder pour ne pas déclencher automatiquement le mouvement de la main gauche. Au lieu de partir des perceptions visuelles, j'avais à attendre la consigne verbale : sers-toi de ta main droite. Avec le temps, cette consigne intériorisée, je me la servais à moi-même. Mais saisit-on les conséquences d'une telle contrainte ? Les voici :

1) Le monde perçu visuellement est ressenti comme portant à mal faire.

2) Le monde perçu auditivement comme seule source de modèle exige d'être soigneusement intériorisé pour apporter en toute occasion le guidage voulu.

3) Une situation de dépendance se crée par rapport à la consigne verbale de l'autorité parentale. Je n'avais pas la liberté de mouvement qui m'aurait permis de participer à ma propre évolution sociale : l'apprentissage de la lecture et de l'écriture ne pouvait s'effectuer que dans une situation faussée au départ. Il faut bien, dans ces deux cas d'apprentissage scolaire, partir des perceptions visuelles. Or n'avais-je pas dû fermer les yeux pour ne pas « gauchir » mes réactions ?

4) La soif que j'ai toujours eue de recueillir des renseignements verbaux avant d'entreprendre quoi que ce soit n'est-elle pas un effet de la peur de me tromper si j'en suis réduit à réagir à partir du « vu » ?

5) En revanche, j'ai une aptitude certaine à analyser l'« entendu », à le discuter.

Il est sûr qu'il y a eu beaucoup d'obstacles sur ma route : mes éducateurs ne m'ont cependant pas empêché de jouer au bridge, de pratiquer football et tennis. J'ai eu le champ très libre pour la verbalisation – et je m'en suis payé ! Que je puisse m'exprimer aujourd'hui comme je le fais, n'est-ce pas le signe que, malgré tout, mon exigence de liberté n'a pas été étouffée ? Il est toujours très difficile de concilier le vrai et la justice. On pourrait à la limite dire que la vérité n'est pas autre chose que le vrai lorsqu'il atteint sa dimension de justice.

Quand je dis 32, qu'est-ce que tu vois ?

Évelyne, vingt-deux ans, enseigne au cours préparatoire dans un petit bourg breton, non loin de Vannes. Séduite par un premier cycle de formation en gestion mentale, elle a continué à se former, et ne peut plus concevoir d'enseigner autrement. Toute l'équipe pédagogique est maintenant « convertie » et, ici comme ailleurs, les maîtres se retrouvent tous les jours pour discuter. De quoi ? Mais de gestion mentale, bien sûr.

– Aujourd'hui, nous allons faire ce que nous avions décidé mardi : jouer aux devinettes, dit Évelyne aux bouts de chou sagement assis. Mais avant de commencer, je voudrais que vous fassiez revenir dans votre tête les images de votre mercredi et que ceux qui ont envie de nous le raconter le fassent.

Les mains ne se lèvent pas, les « Moi m'dame, moi » ne fusent pas. Les enfants ont fermé les yeux et croisé les bras pour faire revenir dans leur tête, en les voyant ou en se les redisant, les images de leur mercredi. Quelques minutes plus tard, une poupée blonde et bouclée se met à raconter :

– Je me suis levée vers 8 heures, et j'ai déjeuné. Maman m'avait préparé des grandes tartines avec du beurre et de la confiture. Ensuite, je me suis lavée et je me suis habillée et je suis allée avec Maman chez Mamie. Mamie avait préparé le déjeuner et nous avons mangé toutes les crêpes. Il y avait Nathalie, ma cousine, et aussi ma Tatie. Ma Tatie avait apporté une tarte aux pommes. J'ai aussi mangé de la tarte aux pommes. Mais heureusement, il en restait pour 4 heures et nous avons remangé pour le goûter. Ensuite, mon papa est venu nous chercher et nous sommes rentrés à la maison. Maman a préparé le dîner, mais je n'avais plus tellement faim. J'ai seulement mangé de la compote que Maman avait préparée hier. Non, hier c'était mercredi, qu'elle avait préparée mardi. Et je suis allée me coucher.

Tous les moments forts de la journée de Marie-Laure – liés, on le voit, à la dégustation des délices sucrés – étaient appuyés par les « Mmmm ! » de ses petits camarades. Six autres garçons et filles ont ainsi raconté leur mercredi : les récits sont précis, détaillés et l'ordre chronologique respecté.

Évelyne demande ensuite aux élèves de se mettre en projet de gérer la date. A droite du tableau, sur le mur, une espèce de grand cadran avec une aiguille en carton punaisée au milieu égrène les jours de la semaine. Bastien va mettre le cadran à l'heure du jour et fait tourner l'aiguille jusqu'au jeudi. Pour la date, Évelyne rappelle celle de mardi : les enfants, tous ensemble, disent :

– Mardi 22, mercredi 23, jeudi 24. Nous sommes le jeudi 24.

Évelyne ouvre alors l'un des pans du tableau jusqu'ici fermé. Avant l'arrivée des enfants dans la classe, elle y a écrit la date qu'elle lit maintenant en suivant les syllabes avec son doigt. Elle épelle :

– Jeudi, J-E-U-D-I- 24 : 2 dizaines et 4 unités, 24. Mars. M-A-R-S. Regardez bien la date, mettez-la dans votre tête, fermez les yeux pour la revoir ou la réentendre dans votre tête. Ensuite, nous l'écrirons.

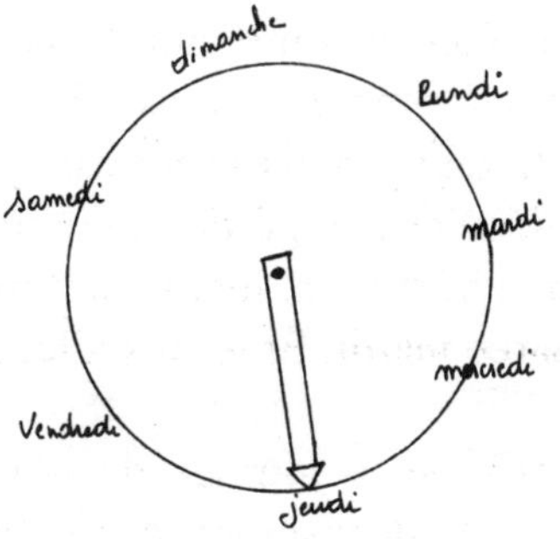

Fig. L'horloge des jours

Les enfants ferment les yeux, les rouvrent pour regarder à nouveau ce qui est écrit au tableau, les referment. Le silence est total. Puis certains remuent les lèvres et j'y lis : « Jeudi 24 mars » alors que d'autres tracent dans l'espace, avec leur main, les lettres et chiffres qui composent la date. Je demande à un blondinet assis près de moi ce qu'il fait avec sa main :

– Je copie ce qu'Évelyne a écrit au tableau.

– Tu copies les yeux fermés ?

– Mais oui, j'ai mis dans ma tête.

Je contrôle ensuite sur les vingt-six cahiers : il n'y a

pas une seule faute, et c'est bien écrit. De retour à ma place, j'entends Évelyne dire :

– Les chevaux, allez vous asseoir en rond sur la moquette.

Cinq élèves se lèvent aussitôt, sans bruit, et ils vont s'asseoir, au fond de la classe, sur la moquette. Ce sera ensuite le tour des poussins, des chèvres, des singes et des poneys. Les groupes sont constitués d'enfants géographiquement dispersés dans la classe, et pourtant il n'y a ni bagarre, ni excitation, ni discussion. La moquette est une aire de repos et d'activités collectives, délimitée par un grand tableau à feuilles mobiles. Évelyne s'agenouille au milieu des enfants :

– J'ai besoin de vos yeux et de vos oreilles. Je vais vous donner un papier, vous devrez le lire et bien comprendre. Quand vous vous serez mis d'accord sur la réponse dans votre groupe, vous dessinerez la réponse sur vos feuilles avec des feutres ou des pinceaux.

Et elle donne à chaque groupe une feuille sur laquelle est marquée une devinette : « On la met sur les murs quand il n'y a pas de tapisserie. Les enfants en font aussi pour décorer. » « On en a deux, elles sont très utiles pour manger, écrire et dessiner. » « Quel est le nom d'un manteau de pluie ? » « Il aime beaucoup les carottes. » « Sa maison s'appelle une gare. »

Chaque groupe réfléchit sur sa devinette. On sent que ces enfants ont une autonomie qui leur permet de gérer un projet sans avoir besoin d'une aide extérieure. La réflexion se fait à haute voix, mais personne ne crie. Un enfant se lève et prend un catalogue de vente par correspondance dans un panier. Il revient s'asseoir dans son groupe et, tous ensemble, ils cherchent ce qu'ils veulent trouver : un imperméable. Ils le découpent et le collent sur leur feuille. Un autre enfant, d'un autre groupe, prend une boîte de peinture et chacun mettra la touche de couleur nécessaire pour prouver qu'il a bien compris qu'il s'agit de la « peinture ». Les autres groupes dessinent un lapin, un train et deux mains.

Quand tous les groupes ont terminé, Évelyne appelle le « délégué » du jour de chaque groupe, qui ira poser son dessin à côté des autres sur le tableau blanc aimanté. A côté de chaque dessin, Évelyne demande aux enfants de donner le mot qu'elle écrit. Chacun est épelé et redit plusieurs fois par les enfants.

Avant de poursuivre, place à la relaxation. Des enfants s'étirent, d'autres se mettent en boule et sucent leur pouce. Quelques instants plus tard, tous se lèvent et chantent sans hurler une comptine en canon. Puis ils ferment les yeux, respirent longuement et se rassoient, toujours sans bruit inutile.

Le travail sur les devinettes reprend : il s'agit bien sûr d'appeler l'attention des enfants sur les différentes orthographes du son « in ». Évelyne sollicite leur imagination et leur demande de dire tous les mots qui leur viennent à l'esprit : elle les écrit au fur et à mesure dans les colonnes correspondantes.

lapin	train	imperméable	peinture
matin	main	important	peintre
crin (blanc)	pain	timbre	ceinture
fin	bain		teinture

– On va se redire tous ces mots, dit Évelyne. On va les mettre dans sa tête, soit en les revoyant, soit en les réentendant. Ensuite, on prendra les ardoises et on les écrira.

Les enfants mettent les mots dans leur tête, ils ferment les yeux. Certains écrivent dans l'espace, d'autres remuent leurs lèvres. Quand ils écriront les mots, je constaterai qu'en dehors des trois élèves qui ont oublié ou ceinture ou timbre, les vingt-trois autres les ont *tous* mémorisés, et sans une faute.

C'est le moment de passer au calcul. Entre les deux disciplines, les enfants se lèvent, s'étirent, se relaxent. Puis ils se rassoient sur leur moquette, en rangs comme au cinéma. Au mur, de chaque côté du grand tableau, des panneaux de couleur illustrent les différentes façons de décomposer les nombres, de 11 à 19.

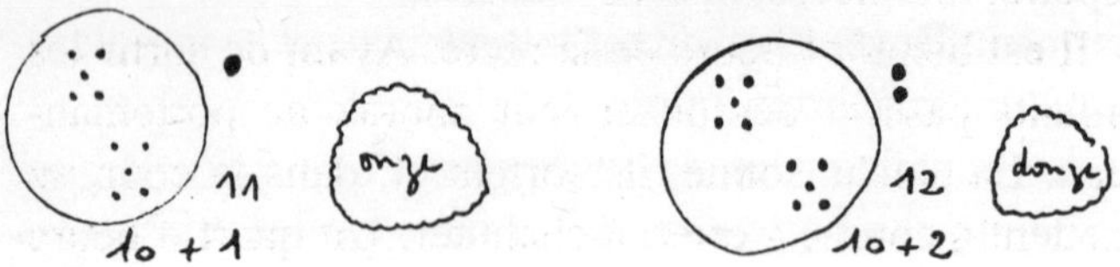

– Quand je dis 32, lance Évelyne, qu'est-ce que tu vois dans ta tête, Stéphanie ?

– Je vois trois paquets de 10 et 2 unités.

– Qu'est-ce que je vois dans ma tête quand je vois deux paquets de 10 et 6 unités, Emmanuel ? demande Évelyne.

– Tu vois… 26.

– Quand je dis 47, qu'est-ce que tu vois, Julien ?

– …

– Ferme les yeux et regarde dans ta tête, dit Évelyne.

Julien ferme les yeux. Les camarades respectent son regard intérieur :

– Je vois quatre bâtons de 10 et 7 unités, dit Julien.

– Je dis 34 et vous regardez ou vous entendez tous dans votre tête.

Les enfants ferment les yeux. Certains remuent les lèvres, d'autres tracent un grand trait et des points dans l'espace. Mais Jean-Charles a du mal avec le calcul mental et Évelyne, pour l'aider, prend dans un panier des bâtons jaunes et des bâtons rouges, les jaunes pour les unités, les rouges pour les dizaines.

– Regarde dans ta tête, Jean-Charles, et dis-moi ce que tu vois pour 10 + 10 + 14.

– Ça y est, je vois trois bâtons rouges et quatre bâtons jaunes. Si je mets les quatre bâtons rouges dans ma tête et si je compte 4 sur mes doigts, ça fait 34, répond, tout heureux, Jean-Charles.

Il est bientôt l'heure de la récré. Avant de sortir les enfants passent décrocher leur anorak au portemanteau. La cloche sonne, ils sortent et, dans la cour, se mettent à courir, à crier, à chahuter. Un quart d'heure plus tard, Évelyne les accueille par une musique douce et apaisante. Ils s'assoient, ferment les yeux, sucent leur pouce ou roulent autour de leur doigt une boucle blonde. Dans quelques minutes, ils seront prêts à aborder d'autres tâches, à regarder et à écouter pour mettre des images dans leur tête…

ANTOINE DE LA GARANDERIE :

> Quand Évelyne incite ses élèves, avant de les mettre au travail, à revivre dans leur tête la journée de congé de la veille, elle assure la transition entre les pensées libres et celles imposées par l'école. En fait, ici et là, il s'agit de la même chose : mettre dans sa tête ce qu'on voit ou entend, en regardant et en écoutant avec le projet de les évoquer…
>
> La première institutrice avec qui j'ai travaillé, Valérie Morillo, recommandait de commencer la classe par un temps de libre évocation, qui renvoyait chaque élève à lui-même. Elle insistait en faisant savoir que les images qu'on déploie dans sa tête ou les histoires qu'on se raconte appartiennent au secret de chacun et qu'il n'a pas à les communiquer s'il ne le veut pas. Ce rappel à l'autonomie de la vie intérieure n'est pas inutile. Ensuite, Valérie Morillo disait : « Maintenant, c'est moi qui vais vous demander de mettre dans votre tête des images, des mots… »
>
> Et la classe commençait alors.

L'élève qui mesure sa capacité de se donner à lui-même des images, de se parler, de réentendre dans sa tête, demeure dans une situation de responsabilité, d'affirmation personnelle lorsque son enseignant lui demande de « se donner dans sa tête » une règle de grammaire ou une poésie…

On sent bien, dans la classe d'Évelyne, cette « force » personnelle des élèves qui trouvent aussi le « moyen mental » de réussir les tâches prescrites.

Quand mon prof parlait les maths

Alain a vingt ans. Étudiant brillant en histoire et philosophie, il aime, comme tous les jeunes de son âge, la musique, le cinéma, le sport. Fils de l'une des premières enseignantes à avoir expérimenté la gestion mentale, il pratique depuis longtemps l'évocation et le projet. A dominante auditive, il a appris à maîtriser aussi sa seconde langue pédagogique, là où elle s'est révélée plus efficace. Mais il n'a pas, à ce sujet, que de bons souvenirs…

Il n'a jamais eu l'occasion – la chance – d'avoir des enseignants formés à la gestion et se promet d'en faire profiter ses futurs élèves. En attendant, il aide quelques lycéens en difficulté à retrouver le goût des études…

« Quand j'étais au lycée, mes résultats en mathématiques suivaient très exactement le "profil pédagogique" de mes professeurs. En 4e, mon prof "parlait" les maths : il partait de la définition et l'expliquait en la décomposant. Mes résultats, cette année-là, ont été excellents. En 3e, changement de décor : le prof débitait des formules sans prendre la peine de les expliquer et nous demandait de les appliquer : dégringolade de ma moyenne ! En seconde, à nouveau un prof très auditif dont la procédure correspondait très exactement à la mienne : j'ai eu des notes tellement bonnes qu'on m'a proposé, à moi qui étais en B, de suivre la filière C – ce que j'ai refusé. L'année de 1re a été tellement catastrophique que personne ne m'a reproché ma décision ! En terminale enfin, j'ai regrimpé et obtenu une moyenne acceptable.

C'est simple : j'ai passé toutes ces années à aller d'un prof auditif à un prof visuel. Et, en bon auditif, j'obtenais de bons résultats quand les profs racontaient les formules, les équations, quand ils prenaient le temps d'expliquer les maths. Mais dès que je voyais plus souvent les épaules que le visage du prof, je savais que l'année serait pénible !

On ne peut pas, du jour au lendemain, révolutionner ses structures mentales. Nous avons tous un passé pédagogique et nous avons pris certaines habitudes d'enregistrer nos connaissances, visuellement ou auditivement. On n'en change pas facilement, il faut y aller doucement. Mais le grand problème reste l'attitude des profs : je veux bien que leur passé culturel pèse encore plus lourd que le nôtre et qu'ils aient beaucoup de mal à se remettre en question, mais ils pourraient faire un effort… Ce sont toujours les mêmes – les élèves, bien sûr – qui sont obligés de s'adapter. Les quelques professeurs auxquels j'ai tenté d'expliquer les bases de la gestion mentale m'ont opposé, au mieux, une curiosité polie. D'autres ont balayé mes arguments par des “Je n'ai pas le temps”. Combien de mes copains sont “tombés” en cours de route parce qu'ils n'ont pas eu la chance de s'adapter assez vite ! Et pourtant, les profs sont censés être des pédagogues, non ?

Changer de type d'évocation d'une discipline à l'autre, c'est un vrai travail, ni facile ni reposant. Mais quand on y est parvenu, je soutiens, par expérience, que les résultats sont surprenants. J'ai dû, en licence d'histoire, passer une unité de valeur (U.V.) de géographie : j'ai rempli des pages et des pages de commentaires et, en sortant de l'épreuve, j'étais assez content de moi, sûr d'avoir rendu un bon devoir. Hélas, j'ai frôlé le zéro ! J'ai donc dû repasser cette U.V. l'année suivante, avec le même prof. Il fallait que je l'obtienne et j'ai payé le prix : j'ai décidé de travailler visuellement, c'est-à-dire de faire l'effort de changer mon type d'évocation.

Le jour de l'examen, le sujet portait sur les mouvements de populations, les migrations de travailleurs en France. Plus question de verbaliser, je me suis mis à faire des flèches dans ma tête, à suer sang et eau en me disant : je ne me dis rien, ou plutôt je me parle uniquement pour me représenter visuellement ; je vois, je dessine la carte. J'ai fait de tels efforts pour traiter le sujet visuellement que je n'ai bien sûr pas eu le temps de terminer. Sorti de là, j'étais désespéré. Et pourtant, j'ai enlevé la meilleure note et le professeur m'a même dit que si j'avais terminé, il m'aurait mis 18 ! Eh bien, si je n'avais pas travaillé mes évocations visuelles, je sais que j'aurais été incapable de globaliser et de spatialiser, ce qui est indispensable pour traiter une discipline comme la géographie.

Depuis quelques mois, je m'occupe d'un élève de 3e

en difficulté. Ses parents avaient tout tenté pour qu'il rattrape son retard : cours particuliers, lycée privé, etc. Marc continuait à avoir une moyenne lamentable, et son discours manquait souvent de rigueur, de cohérence même. Je lui ai expliqué comment nous allions travailler, essentiellement sur ses évocations et sa mise en projet.

Nous avons commencé par l'espagnol et, à partir de sa verbalisation, je l'ai aidé à se fabriquer des images visuelles. Il s'est très vite pris au jeu et ses résultats en classe d'espagnol l'ont aidé à ne pas relâcher l'effort nécessaire.

Pour qu'il comprenne l'importance de la mise en projet, je lui ai tout simplement demandé de m'écouter raconter une histoire, inventée à chaque fois, dans le but de la redire à son tour. Ces histoires toutes bêtes, dont j'étais l'acteur, racontaient des voyages, des paysages, des noms de gares, etc. Je demandais à Marc de me représenter visuellement dans ses évocations. Au début, il a eu du mal, il manquait de points de repère, il essayait de mémoriser des mots et perdait le fil. Mais il a, peu à peu, appris à photographier les séquences et il est arrivé à restituer les histoires du début à la fin.

Il venait chez moi, le lundi soir après le lycée. Je lui demandais de me raconter son dernier cours de la journée, un cours d'économie, dès qu'il arrivait. Pas question, dans ces conditions, pendant que son prof parlait, de ne pas se mettre en projet d'évoquer pour mémoriser et restituer ce qu'il entendait. Ses récits furent d'abord entrecoupés de grands blancs, mais les progrès ont été très rapides. Il codait de mieux en mieux et, du coup, il retenait bien mieux.

Un jour, il avait une poésie de Verlaine à apprendre. Strophe par strophe, il la connaissait bien, mais impossible de faire le lien entre elles. Nous avions beau retravailler les images visuelles qu'il se fabriquait quand il se parlait la poésie, il avait encore des difficultés. J'ai alors eu une idée, sans doute parce que je suis auditif et que j'aurais fonctionné comme ça s'il s'était agi de moi : je lui ai demandé de se mettre en projet de me dicter la poésie. Il l'a fait, d'un bout à l'autre, sans la moindre hésitation. Il n'était plus, dans son projet, en relation de soumission par rapport à moi ou au poème, il était devenu acteur lui-même.

Je lui ai conseillé de se mettre physiquement dans la situation où il serait quand il aurait à réciter ou à expliquer son raisonnement : debout, face à la classe et à son professeur (évocation visuelle), en train de réciter (évocation auditive). Cette idée l'a amusé et stimulé.

Par la suite, il s'est mis à appliquer la mise en projet dans des domaines extra-scolaires, à propos d'idées qui lui tenaient à cœur : il avait un vieux rêve, devenir pilote. Il a mis au service de sa passion tout ce qu'il avait saisi d'important dans la gestion mentale et a entrepris, à l'insu de tous, les démarches nécessaires pour suivre des cours de pilotage.

Il a décroché son B.E.P.C. à la fin de l'année et réintégré le cycle long dans un lycée d'État. Lui qui ne racontait jamais à ses parents ce qu'il faisait à l'école, s'est mis à parler de lui et de ce qu'il aimait. Il a pris conscience de ses possibilités, mais aussi de ses limites, il sait qu'il est facilement distrait, que la télé ou ses maquettes d'avion l'occupent plus que les mathématiques. Il sait aussi qu'il n'a pas fourni l'effort nécessaire pour entrer en seconde C. Mais, après tout, ça fait partie de sa liberté, non ? »

ANTOINE DE LA GARANDERIE :

Deux points me frappent dans le témoignage d'Alain, qui me semblent revêtir un caractère exemplaire : l'un est relatif à l'U.V. de géographie ; l'autre à l'appréciation qu'il donne des choix de son « élève ».

Voici un étudiant dont les évocations (pour parler notre langage) sont auditives ; il prépare une unité de valeur en géographie. En bon auditif qu'il est, il se commente ce qu'il voit, il ne photographie pas les croquis, les cartes, il ne se les décrit pas pour pouvoir ensuite les dessiner de mémoire. Il retient des caractères généraux, avec des termes abstraits. Capable d'apprendre l'évolution d'un pays, les modifications d'un terrain, de dire que les plissements hercyniens sont de l'ère primaire, les plissements alpins de l'ère tertiaire, les traits « visuels », les représentations concrètes vont lui manquer. Le professeur, lui, juge : étudiant qui se gargarise de mots, qui ne sait pas de quoi il parle… Pour un bon géographe, « savoir de quoi on parle » signifie être capable de dessiner un plan, un schéma, un croquis… Quand Alain décide de modifier ses évocations pour se préparer à repasser son U.V.

de géographie, il s'efforce de voir dans sa tête des croquis, des schémas… S'il y parvient, c'est parce qu'il obéit à tout un processus dont voici le détail :

1) Regard porté sur un schéma, un croquis, une carte, avec le projet de se parler avec précision leurs structures. Procédure insolite pour un auditif qui, lorsqu'il regarde une chose, parle les impressions que cette chose produit sur lui ou se raconte une histoire à son propos, mais ne se soucie pas de la *décrire* comme elle est.

2) Évocation dans la tête des phrases et des mots qui ont été mentalement exprimés au moment où la chose était regardée et décrite.

3) Regard à nouveau porté sur la chose avec le projet, cette fois, de la revoir dans sa tête. Mais, pour y parvenir, l'aide est apportée par les phrases et les mots qui ont fait l'objet de la description.

4) Évocation de l'image visuelle de la chose, toujours à l'aide des phrases et des mots qui ont présidé au premier projet.

La procédure paraît lourde, mais elle n'a qu'un temps. La mémorisation des structures visuelles perçues se fera de plus en plus facilement. Les phrases et les mots qui servent à la description verbale seront de moins en moins nécessaires.

Alain a donc fait un effort gigantesque pour travailler avec des évocations visuelles (flèches, schémas…), pour renoncer à son développement verbal qui constitue sa méthode habituelle de pensée. Or, le fruit de cet effort visuel ne lui est pas apparu dans ce qu'il a de «positif». Il a eu au contraire un fort sentiment d'échec à la fin de l'épreuve.

Ce qui est vrai pour Alain l'est aussi pour beaucoup d'enseignants : enseignants auditifs qui ne saisissent pas la pertinence logique d'une démarche visuelle ; enseignants visuels auxquels échappe la qualité rationnelle d'un développement verbal. Ce qui est remarquable, c'est qu'Alain, l'auditif, ait, par une sorte d'intuition « aveugle », fait confiance à une procédure visuelle.

La pédagogie de la gestion mentale renvoie l'élève à lui-même. Elle l'aide à prendre conscience de la façon dont il procède, elle lui propose des stratégies mentales pour s'adapter à des tâches où il échoue, ou pour améliorer ses performances là où ses résultats demeurent médiocres ou moyens. Mais elle ne permet pas de vouloir à la place de l'élève. Lorsqu'on lui a montré comment il pouvait s'y prendre pour mener à bien son travail, il lui appartient de faire ses choix. Même s'il ne partage pas sa décision, Alain a pour souci de ne pas interpréter les choix de Marc d'une façon péjorative ; il reste bien ainsi dans la ligne d'esprit qui anime l'intention pédagogique de la gestion mentale : permettre à l'élève de devenir autonome en gardant le pouvoir de choisir en connaissance de cause.

J'imagine que je vous entends

Si l'on en croit ses professeurs de 4e en cette veille de Toussaint, Vincent est « inexistant ». Devant un tel verdict, il ne sait plus quoi faire de sa peau. Il n'est pas de ceux que rien ne vient troubler et qui attendent, plus ou moins patiemment, que l'heure de la retraite scolaire sonne. Il fait des efforts, il apprend ses leçons en les relisant plusieurs fois et croit les savoir, mais en classe, il n'arrive à rien.

Discipline après discipline, il est « lent », « très lent » même. Son professeur d'espagnol, seconde langue, juge même le « départ inquiétant » et ajoute : « Faut-il faire arrêter l'espagnol ? » Tous les enseignants sont d'accord pour dire que Vincent ne semble pas avoir les moyens de poursuivre sa 4e.

Fin de premier trimestre, le bulletin scolaire arrive. En dehors d'un « Vincent commence à progresser, il est à encourager », noté par le professeur d'anglais, la conclusion est que si « de tout petits progrès » sont là, ils « sont encore loin de suffire pour envisager le reste de l'année avec optimisme et imaginer Vincent l'an prochain en 3e… Il va falloir se mettre à travailler avec un peu plus d'énergie et commencer par apprendre sérieusement les leçons ».

Son travail personnel est, dans l'ensemble, jugé « trop superficiel », « insuffisant ». « Vincent n'a pas de difficulté réelle, mais il est paresseux », croit pouvoir dire son professeur d'histoire-géographie. L'équipe pédagogique l'appelle à « se montrer plus actif » et à « participer davantage ». A l'évidence, Vincent est encore « inapte » à l'enseignement général d'une classe de 4e.

A la veille des vacances de Pâques, quand les parents de Vincent recevront le bulletin de leur fils, ils n'en croiront pas leurs yeux :

Rédaction : « De bons progrès dans les résultats, plus de sûreté dans les connaissances et l'attitude. Il faut continuer. »

Mathématiques : « Progrès en leçons. J'attends que les devoirs s'améliorent au 3e trimestre. »

Anglais : « Des progrès considérables ce trimestre, tant à l'oral qu'à l'écrit. Doit encore intensifier ses efforts. »

Espagnol : « De très gros progrès en expression écrite et orale. Vincent est beaucoup plus à l'aise. »

Le professeur principal : « De bons progrès, encourageants. Mais attention : le passage en 3e n'est pas encore acquis. Il faut poursuivre l'effort ! »

Vincent ne s'est pas contenté d'améliorer de quelques dixièmes de points ses notes en ce deuxième trimestre, il a fait des sauts qualitatifs incroyables dans toutes les disciplines. Jugeons-en : en rédaction où il était 20e (sur 23), il est maintenant 6e. En orthographe, il est passé du 13e rang au 6e ; en grammaire, du 27e au 14e ;

en technologie, de 13e il devient 1er ! En espagnol, il est maintenant parmi les meilleurs et ses résultats à l'oral de mathématiques sont remarquables : il obtient facilement 20.

En anglais, où il était nul, il se place dans les cinq premiers. Vincent intervient souvent pendant les cours d'anglais, ses réponses sont justes, il sait bien ses leçons et rend des devoirs tout à fait convenables. Mais, plus encore que ses notes, c'est son air heureux qui frappe : tous ses professeurs l'ont remarqué. Son comportement a manifestement changé.

Que s'est-il donc passé ? Quelle est la cause de ce renversement de tendance en quelques semaines ?

Le professeur d'anglais de Vincent applique, depuis le mois de décembre, les théories d'Antoine de La Garanderie. Elle s'appuie pour cela sur une thèse récemment publiée par Sylvie Michel-Valette, qui porte sur l'« Introduction de la gestion mentale dans la méthode globale pour l'apprentissage de l'allemand : remède à l'échec » (Université de Lyon II, Angers, département des Sciences de l'éducation). Des élèves en situation d'échec, le prof d'anglais de Vincent ne les compte plus dans cette classe réputée « passive », « résignée », voire « paresseuse ». Et elle décide d'adapter à son cours d'anglais ce que Sylvie Michel-Valette a expérimenté pour l'allemand : message donné sous les deux formes, temps d'évocation, mise en projet et entretiens pédagogiques, individuels ou collectifs.

Comme l'ensemble de ses camarades, Vincent coopère très vite avec un enthousiasme non feint à la pédagogie mise en place par son professeur. Comme eux, et pour la première fois, il se sent concerné par l'action de cette enseignante qui lui donne l'impression de le respecter, lui, l'« inexistant ». Au cours d'un entretien daté de la fin janvier, il a l'occasion d'expliciter les raisons de ses tout nouveaux « succès » :

– Alors, Vincent, que t'arrive-t-il depuis quelque temps ? Tu as eu peur d'avoir encore de mauvaises appréciations sur tes bulletins ? Peur de ne pas passer en 3e ? D'être sérieusement puni par tes parents ?

– Non, ce n'est pas ça. Je suis simplement content de travailler maintenant parce que je sens que je peux améliorer mes résultats. Avant, je ne pouvais pas. Je pensais que je n'en étais pas capable. Et puis, je me suis dit que ce serait idiot de redoubler si j'en étais quand même un peu capable… J'applique les conseils que vous nous donnez, en anglais bien sûr, mais j'essaie ailleurs aussi. Et ça marche mieux.

Vous avez fait tant de choses pour qu'on s'y mette que je me suis dit que ce n'était pas juste de ne pas essayer. Et puis, je voulais savoir si c'était du baratin, ou si c'étaient de vraies solutions.

– Que se passe-t-il aujourd'hui quand tu apprends une leçon ?

– Eh bien, avant je n'avais jamais le temps de savoir de quoi on parlait. Je lisais bien mes leçons plusieurs fois mais le lendemain, je ne m'en souvenais jamais. J'étais découragé et je n'avais plus envie de travailler.

Avec vous, quand vous nous laissez du temps, je me redis bien tout dans ma tête, ou j'imagine que je vous entends et je pense que je peux être interrogé, ou que vous pouvez nous donner un devoir en classe. En sortant du cours, je serais capable de tout redire, ou de tout récrire. Les mots arrivent tout seuls.

Mais il faut que je fasse encore très attention à l'écrit, surtout en maths, parce que tous les profs ne laissent pas comme vous du temps aux élèves. Chez moi, je suis vos conseils et j'imagine que je suis toujours en classe en train de réciter. Je ne peux pas encore faire ça pour toutes les matières, mais quand j'en aurai vraiment pris l'habitude, je sais que j'y arriverai.

A la fin de l'année scolaire, Vincent gérait mentalement sans difficulté, dans toutes les disciplines. Et ses professeurs, à l'unanimité, l'ont jugé « apte à passer en 3e »…

ANTOINE DE LA GARANDERIE :

> Descartes recommande de « commencer par les choses les plus simples et les plus aisées à connaître » mais, pour banale que soit la situation de Vincent, elle n'en est pas moins préoccupante. Pensons à tous ces Vincent, dans toutes les classes de toutes les écoles du monde, pétris de bonne volonté et du désir de réussir. S'ils ne manquent pas de « moyens », ils ne savent pas qu'ils les possèdent et ignorent l'art de s'en servir. Le pire est que la conscience éducatrice est tout aussi ignorante puisque, à partir du moment où l'élève ne manifeste pas spontanément « les moyens d'apprendre », elle conclut de façon péremptoire qu'il en est dépourvu ! Et du haut de son autorité, elle en persuade aisément le malheureux.

Si la lecture de l'histoire de Vincent pouvait instruire les consciences éducatrices ou enseignantes, elle les amènerait à s'interroger et à s'ouvrir à l'intelligence de ces « moyens » pour les proposer à tous les Vincent du monde !

Ni des idiots, ni des incapables

Catherine est un jeune prof de lettres et philosophie. C'est un peu par hasard qu'elle a découvert les livres d'Antoine de La Garanderie. Elle a immédiatement perçu dans cette lecture la réponse à la question qu'elle se posait depuis que, pour la première fois, elle s'était trouvée face à des élèves : enseigner, d'accord, mais *comment ?* Comment procéder pour que l'information passe, pour qu'elle soit comprise et mémorisée, pour éviter que la classe soit traditionnellement composée de ceux qui suivent et de ceux qui attendent que ça passe ?

Depuis qu'elle pratique la gestion mentale, elle aime encore plus son métier et forme de plus en plus de collègues, du privé comme du public. Mais si elle sait pourquoi elle croit en cette pédagogie, elle sait aussi pourquoi certains de ses collègues ne « marchent » pas, et reste tout à fait consciente des difficultés de l'application.

« Ce que j'ai découvert à travers les expériences décrites par Antoine de La Garanderie, c'est l'autre versant de l'enseignement. En d'autres termes, c'est ce que devient le message une fois qu'il est transmis, ce que l'élève en fait, comment il s'en saisit, pourquoi certaines informations sont assimilées et utilisées correctement par les uns et pas par les autres.

J'ai compris pourquoi j'avais pu, moi, aimer certaines choses et pas d'autres, pourquoi j'avais des qualités intellectuelles pour tel type d'exercice, et des faiblesses pour tel autre. Or, en comprenant ce qui se passait en moi, je pouvais comprendre ce qui se passait en face de moi, dans la tête de mes élèves. Et en le comprenant, je pourrais les aider. Quand ils échouaient, ce n'était plus parce qu'ils étaient des imbéciles, ou des paresseux, mais pour des raisons que je pouvais découvrir.

J'ai choisi de faire ce métier d'enseignante, je l'aime autant que j'aime mes élèves. Mais quand je constatais, après avoir répété dix fois la même chose à un élève, qu'il n'était pas fichu de l'appliquer, je ne pouvais m'empêcher d'être déçue, un peu comme s'il n'avait pas su répondre à mon attente. Je me sentais impuissante et ne savais pas quoi faire.

Aujourd'hui, j'ai appris que répéter dix fois un message *de la même façon* ne sert strictement à rien et j'ai inversé les rôles : c'est moi que j'interroge pour comprendre pourquoi ils ne comprennent pas. Les élèves ont, comme moi, des façons de se dire, ou de voir, les choses dans leur tête. Et selon les images qu'ils se font, il est parfois inévitable qu'ils tombent dans l'erreur. Il n'y a, par ailleurs, rien de plus frustrant pour eux que de croire qu'ils ont saisi une information et de ne pas réussir à la restituer parfaitement. C'est là que nos objectifs se rejoignent : faire que chacun soit capable de gérer, à sa façon et le plus utilement possible, le message donné.

Quand j'ai commencé à pratiquer la gestion mentale, les élèves se sont très vite sentis en confiance. Sans doute parce que je n'étais plus agacée quand ils se trompaient et qu'ensemble nous cherchions à savoir pourquoi. Ils se rendaient aussi compte que je ne les considérais ni comme des idiots, ni comme des incapables : c'est l'un des éléments fondamentaux de la gestion mentale, qui fait que l'on considère l'autre comme un individu à part entière.

Un élève peut faire un contresens sur un texte littéraire quand ses évocations ne sont pas assez précises par rapport à ce que l'auteur décrit. Il suffit de reprendre les termes exacts du texte et de lui montrer comment il peut préciser son évocation : il comprend pourquoi il a fait l'erreur et ce qu'il peut faire pour la corriger. Il ne s'agit plus de dire à l'élève : tu as fait un contresens – ce qui serait aussi négatif qu'inutile – mais de lui donner le remède.

Nous avons étudié un poème de Baudelaire, tiré des *Petits poèmes en prose*. Dans ce "Joujou du pauvre", il est question d'un enfant riche qui joue dans le parc d'un château avec un magnifique jouet flambant neuf. Il le laisse tomber dans l'herbe et s'en désintéresse. De l'autre côté de la grille du château, sur la route, un enfant pauvre joue avec un rat vivant. Le jouet du pauvre fascine le petit riche. Baudelaire termine son texte en disant que les deux enfants se regardent "avec des dents d'une égale blancheur".

A partir de ce texte, un élève plutôt visuel peut évoquer le parc, le château, l'enfant riche, ses vêtements et, par terre, le jouet. Puis, de l'autre côté de la grille, il verra la route poudreuse, grise, l'enfant pauvre en haillons, le visage marbré de terre, le rat vivant. Et il se fera une image du visage des enfants. Je peux travailler ces images concrètes avec lui, c'est-à-dire lui demander de lire et de relire les mots du poème autant de fois qu'il le faudra jusqu'à ce que son évocation corresponde exactement à ce que dit Baudelaire. C'est une méthode nécessaire pour éviter qu'il ne s'arrête à l'idée qu'il s'en fait à partir de mots saisis en première lecture.

Un autre élève va se donner du sens du texte une image abstraite : ce peut être une ligne verticale séparant deux éléments représentés par des croix ou n'importe quoi d'autre, dont l'un est blanc, et l'autre noir. Il peut se représenter ainsi la richesse et la pauvreté. La barre verticale serait la grille qui sépare les deux enfants. Les deux regards peuvent être représentés par des flèches : celui du pauvre vers le riche est barré – il n'existe pas – celui du riche, au contraire, est un trait plein.

Mais qu'il se fasse des évocations concrètes ou abstraites du texte, l'élève fonctionnant plutôt de façon visuelle qui voudra, dans sa dissertation, expliquer le sens du texte, dira très souvent les choses dans n'importe quel ordre : il ne sait pas procéder temporellement. Mon rôle est de lui apprendre cet ordre, de lui apprendre à avoir un ordre dans le regard qu'il promène sur son image mentale. Car c'est de cet ordre de regard que dépend son ordre d'écriture.

Je lui demande ce qui se passe dans sa tête quand il

explique ce texte, s'il voit l'image qui représente le texte, s'il se raconte ce que font les deux enfants, s'il pense à une situation qu'il connaît, s'il s'imagine lui-même en train de raconter ce qui se passe à quelqu'un. Je lui fais ainsi un certain nombre de propositions, visuelles et auditives, concrètes et abstraites. Peut-être fera-t-il sienne une de mes propositions, peut-être m'en donnera-t-il une autre – je ne peux pas, à moi seule, imaginer toutes les possibilités. Mais quelle que soit sa réponse, il a compris très exactement ce que je lui demande de répondre, et sur quel terrain je lui demande de répondre : il va me dire ce qu'il a dans la tête à ce moment-là.

S'il me dit qu'il a une image dans la tête, je le questionne pour savoir de quel type d'image il s'agit. Quand j'en sais assez pour imaginer moi-même le type d'image qu'il a dans la tête, je lui demande de me dire comment il a fait pour la décrire, s'il a un ordre. Il peut en avoir plusieurs : spatial, de gauche à droite, de haut en bas, dans le sens des aiguilles d'une montre, etc. ; ou un ordre de superposition des choses, avec un arrière-plan puis un plan moyen, etc. Il peut aussi avoir un ordre temporel qui correspond aux différentes étapes de l'histoire, imaginer par exemple d'abord un décor vide, puis les personnages, puis le jouet, puis les regards. Je lui demande ensuite quel ordre il aurait pu choisir par rapport à ce qu'il veut dire. Et je lui demande de l'exécuter. S'il décrit, par exemple, tout ce qu'il voit de gauche à droite sur son image, il est possible qu'il aille trop vite et qu'il oublie des détails. Je lui dis alors de recommencer jusqu'à ce qu'il obtienne le degré exact de développement que j'attends dans son devoir.

C'est vrai, une procédure de ce type prend du temps. Mais on ne peut pas faire autrement. Ce qu'il faut souligner, c'est que ce n'est pas un temps *en plus*, c'est *à la place de*. Dans n'importe quelle classe, l'enseignant a toujours le temps d'interroger un élève, ou d'en envoyer un au tableau. Il y a donc bien toujours un moment où l'élève est individualisé.

C'est en début d'année que l'installation de la méthodologie prend du temps, car je dois faire comprendre aux élèves comment nous allons procéder, sur quel terrain se situeront mes questions. Quand je demande à un élève pourquoi il en arrive à telle conclusion, il doit comprendre que je lui demande de dire ce qu'il a dans la tête.

En cours d'année, il m'arrive de m'arrêter deux à trois minutes avec celui qui ne comprend pas quelque chose. Je dois lui faire dire s'il a dans la tête une image qui représente ce que nous venons d'étudier, s'il a pensé à un autre texte qu'il connaîtrait, s'il a imaginé une suite. A ce moment-là, si les autres accrochent et interviennent par des "Ah bon, quand tu vois telle image, toi, tu vois comme ça ?", je sais que le dialogue va profiter à toute la classe. L'échange sera fructueux.

On a tous besoin d'images, quelles qu'elles soient, pour comprendre, mémoriser, imaginer, et ceux qui ne voient rien dans leur tête sont handicapés. Par ailleurs, il faut aussi avoir un ordre pour voir, sinon le résultat sera incohérent. Je ne pourrais pas dire d'un tel qu'il est visuel, ou auditif et, en général, faire ce genre de diagnostic ne m'intéresse pas. Mais après trois ou quatre exercices de même type, je vois bien que les uns fonctionnent plutôt avec des mots, d'autres plutôt avec des images, ceux qui s'investissent, ceux qui ont besoin d'aide. Je n'ai pas besoin de questionner les élèves qui ne fonctionnent pas, mais ce que je leur propose, c'est de profiter du dialogue pédagogique, de discuter avec les autres, de faire eux-mêmes des propositions. On peut leur faire confiance : ils savent parfaitement saisir ce qui les intéresse et s'en resservir à l'occasion.

Quand ils ont un poème à étudier chez eux et que je leur demande de faire une étude des images en précisant : "Visualiser l'image" – c'est notre jargon –, ils savent que cela signifie s'arrêter et voir, ou entendre, l'image dans sa tête, la revoir et la réentendre jusqu'à ce que tous les détails donnés par le poète soient présents. Entendre les sons d'un texte, les entendre comme s'il s'agissait d'une langue étrangère, ils savent aussi que cela signifie se donner le rythme d'un texte, compter les syllabes entre deux ponctuations.

Dans ce type de méthodologie, on travaille sur un terrain dont les élèves possèdent la clef, et le temps que l'on peut "perdre" est amplement compensé par celui que l'on ne perd plus à faire des erreurs. Ceux qui se trompent encore quand ils regardent l'image dans leur tête n'ont tout simplement pas assez travaillé. Et ils le savent. Mais ce n'est plus jamais un problème de méthode. Certains collègues estiment qu'une pédagogie aussi individualisée n'a pas sa place dans des classes où les effectifs et les programmes sont trop lourds. Ils préfèrent s'en tenir à des constats banals : untel fait des fautes d'orthographe, un autre ne sait pas écrire une phrase logique. Moi je préfère prendre en effet le temps nécessaire pour savoir *pourquoi*, dans sa tête, tel élève fait des fautes, et pourquoi tel autre, dans sa tête, ne fait pas de phrases logiques.

Au lieu de pratiquer le cours magistral, d'expliquer un texte du haut de son estrade, il faut poser les questions qui leur permettront d'évoquer, les aider à préciser leurs évocations et à faire les rapprochements ou les différences avec ce qu'ils connaissent déjà. Mes élèves travaillent de plus en plus en classe, seuls, devant moi. Tout le travail d'évocation et de réflexion est fait là et seule la mémorisation – c'est-à-dire la répétition des évocations – reste à faire à la maison.

Le devoir de l'enseignant, c'est de transmettre le savoir qu'il a acquis, c'est de donner à ses élèves les moyens de s'en saisir. Quand ils arriveront en fac, où ils seront obligés de travailler seuls, d'aller en bibliothèque et de se débrouiller avec des tonnes de documents, ils sauront comment procéder. Et leurs professeurs d'université se plaindront peut-être un peu moins de leur niveau, ou de leur manque de méthode.

J'ai des classes de seconde dites de “mise à niveau”. Ceux qui y entrent sont en situation d'échec. Contrairement à d'autres expériences qui sont tentées ailleurs et qui permettent aux élèves de souffler et de retrouver le goût de l'étude avant d'entrer, l'année suivante, dans une “vraie” seconde, le parti pris de mon lycée est d'assurer, dans ces classes de mise à niveau, tout le programme de seconde. A la fin de l'année, ceux qui auront suffisamment redressé la barre peuvent entrer en 1re.

Toute l'équipe enseignante applique la pédagogie de la gestion mentale. Au moment d'inscrire leurs enfants dans ces secondes, les parents savent quelle pédagogie nous appliquons, nous les en informons et leur en donnons les grandes lignes. Certains ont envie d'en savoir plus pour mieux aider leur enfant et nous demandent une véritable formation. Ils sont souvent plus angoissés que l'adolescent devant les risques d'une orientation à cycle court, et ils s'accrochent à cette formule comme à une bouée de sauvetage.

Les élèves de seconde, *a fortiori* quand ils sont en situation d'échec, parlent peu chez eux de ce qu'ils font en classe. C'est leur domaine, ils ont besoin de séparer radicalement l'école de la maison. Et les parents se heurtent à des comportements qu'ils ne comprennent pas facilement. C'est alors que nous leur proposons de faire de la gestion mentale en famille, de lire un livre ou de voir un film ensemble, d'en discuter après. De jouer à se demander comment on procède pour mémoriser le code de la porte d'entrée, de se lancer des défis à propos des courses : aujourd'hui j'essaie de m'en souvenir en apprenant la liste par cœur, demain j'imaginerai les endroits où je les range, après-demain je me rappellerai la couleur de chaque article. C'est un jeu, mais c'est aussi un entraînement intellectuel qui est accepté parce qu'il ne touche justement pas au domaine scolaire.

Au lycée, nous sommes là pour apporter aux élèves l'aide méthodologique dont ils ont besoin dans la mesure où d'autres éléments – surtout psychologiques – ne viennent pas interférer. Il est évident que si un élève ne veut pas travailler pour des raisons qui échappent à la pédagogie, ce n'est plus notre domaine, mais celui d'autres spécialistes.

C'est la troisième année que nous appliquons les thèses d'Antoine de La Garanderie dans ces secondes. Parmi les élèves de la première heure, certains sont passés en seconde "normale" et sont actuellement en 1re. D'autres ont pu passer directement en 1re et sont donc aujourd'hui en terminale. Celui qui a obtenu les meilleurs résultats à un bac blanc de terminale B est justement l'un des deux élèves issus de cette seconde. L'autre se situe dans une bonne moyenne. Trois autres "anciens" sont en terminale D et leurs résultats au bac blanc sont tout à fait acceptables. Leurs profs ne les ont jamais distingués de leurs camarades, ni en bien ni en mal.

Quelle est, dans la réussite de ces élèves, la part de la gestion mentale ? Ont-ils gardé une certaine manière de faire ? Je ne saurais le dire. La gestion mentale exige un effort, un travail, et la paresse doit bien reprendre le dessus. Mais tout paresseux qu'ils soient, ils ont quand même réussi et fonctionné dans les classes supérieures sans l'aide d'enseignants aussi attentifs. Et ils ne passent sûrement pas leur temps à se dire : je dois me faire des évocations, ou je dois me mettre en projet. Alors ? Peut-être leur reste-t-il quelque chose de l'ordre du réflexe…

Là où j'affirme que la gestion mentale est irremplaçable, c'est dans la part de confiance en soi que chacun a retrouvée. Individu à part entière, tout élève a sa logique, son intelligence, sa culture, son savoir. Si je lui dis que je ne détiens pas le savoir universel mais que je peux l'aider à le conquérir, si je lui dis qu'il a un outil intellectuel réel mais qu'il l'utilise mal, ou pas assez, qu'il peut en prendre conscience et le perfectionner, je lui donne la clef de sa personnalité. En agissant ainsi, je lui dis : tu es quelqu'un, fais-en quelque chose. »

ANTOINE DE LA GARANDERIE :

Catherine a fait le même parcours que moi : chercher à aider les élèves « en vérité », c'est-à-dire qu'elle s'est préoccupée de l'usage que l'élève peut faire du message de l'enseignant.

Pour s'interroger sur ce qui se passe dans sa propre tête, il faut s'essayer à apprendre, à comprendre. On s'avise alors qu'on n'a pas un esprit pur qui, par intuition, saisit tout, par mémoire pure, retient tout. Comme tout élève, on utilise d'humbles moyens mentaux que l'habitude a forgés, qui ont leurs vertus et leurs limites. A partir de ce constat, on s'ouvre aux différences.

Catherine sait par expérience que la mémorisation et la compréhension s'exercent par la mobilisation dans la tête d'évocations visuelles ou verbales, et que l'élève sort de la passivité intellectuelle sitôt qu'il se met à l'œuvre en décidant de promouvoir en réalités mentales, par l'acte d'évocation, ce qui lui est donné à percevoir. En praticienne de la gestion mentale, elle recommande aux élèves de « se battre mentalement » en procédant à des allers-retours entre les perceptions et les évocations, afin qu'ils s'assurent progressivement que les évoqués constitués rendent de mieux en mieux le sens de ce qui leur est proposé en perceptions.

Pour le bonheur des enfants

Jean-Jacques vient m'accueillir en gare de Cholet. L'école qu'il dirige est à une vingtaine de kilomètres, en plein pays des Mauges.

Cet ancien professeur de collège a choisi d'enseigner dans le primaire pour retrouver la qualité du contact avec les élèves. Formé à la gestion mentale, il décide de l'appliquer sans tarder dans son CE 2. Il commence par tâtonner, par improviser, par faire des erreurs. Mais il ne recule pas. Il est convaincu de l'efficacité de cette méthode.

Très vite, les résultats obtenus lui donnent raison et, à la fin de la première année, plus aucun élève n'est classé D ou E. Avec la complicité du directeur de l'autre école primaire du bourg, celle qui regroupe les cours moyens, il forme l'ensemble des deux équipes pédagogiques, de la maternelle au CM 2.

Tout autant que les instituteurs, les parents ont joué un rôle important : « Nous avions besoin de leur collaboration pour mieux comprendre comment fonctionnaient les enfants en dehors de l'école. Ils nous ont aidés à déterminer plus rapidement la dominante de nos élèves.

Quand nous mettons la méthode en place, en début d'année, les enfants sont plus sujets à la fatigue : on ne regarde pas "dans sa tête", on n'entend pas "dans sa tête", on ne "se met pas en projet" sans faire un véritable travail sur soi. Les parents sont conscients des efforts de leurs enfants et, dans leur grande majorité, ils nous ont demandé une formation.

Depuis que je pratique, je n'ai connu qu'un seul cas de parents réfractaires : peut-être ont-ils cru à un "lavage de cerveau" ? Vu de l'extérieur, c'est vrai que ça y ressemble, mais en dépit de leurs réticences, ils ont quand même laissé leur fils dans notre école. Il doit bien y avoir une raison…

Quand des enfants qui passaient pour des "paniers percés" s'aperçoivent qu'ils ont de la mémoire, comme tout le monde, ils retrouvent une réelle confiance en eux. Ils se rendent compte qu'avec cette méthode ils peuvent y arriver, qu'il leur suffit de savoir faire fonctionner leur cerveau pour mémoriser, pour comprendre, pour être attentif.

Enseigner en gestion mentale, c'est aussi beaucoup de travail pour l'enseignant. Il n'y a pas de livres, pas de recettes, il faut créer tout le matériel pédagogique. Avec un petit groupe d'instituteurs, nous avons établi une série de fiches techniques pour venir en aide à nos collègues, mais aussi aux parents qui veulent participer aux devoirs et leçons à la maison (voir illustrations). Nous y passons des heures et des heures, mais ce qui compte c'est l'enfant.

La gestion mentale n'est appliquée que très partiellement et épisodiquement en maternelle. Mais la maîtresse ne peut pas demander aux enfants d'intérioriser et de fermer les yeux si elle ne le fait pas aussi. Les petits ne sont pas dupes, ils rouvrent les yeux pour contrôler. Et à l'heure de la sieste, qui est également gérée, la maîtresse s'allonge et dort – ou fait semblant de dormir. Une maîtresse allongée au milieu des enfants, ce n'est pas une image très conforme, non ? C'est en tout cas ce que pensent les inspecteurs.

Quand on a mon ancienneté, on ne craint plus rien. Récemment inspecté, je n'ai donc rien modifié à mes habitudes de gestion mentale. J'ai longuement expliqué la méthode à l'inspectrice qui m'a écouté, a eu l'intelligence de ne porter aucun jugement et m'a simplement dit : "Mon seul pouvoir est de vous laisser faire." Mais quand on est un jeune enseignant, on n'ose pas braver les instructions officielles qui nous contraignent à faire de l'enseignement inductif où le contenu est premier !

Au fil des jours, j'ai adapté la méthode d'Antoine de La Garanderie et lui ai ajouté l'aide conjointe et le monitorat. La première permet à deux voisins de banc de discuter de la façon dont ils procèdent pour comprendre, résoudre, mémoriser. Ils peuvent être auditifs, visuels ou mixtes, peu importe : le résultat est fort intéressant.

Dans le monitorat, les enfants participent avec moi au double codage et j'institue une sorte de parrainage entre eux : quel que soit son niveau scolaire, chaque élève est responsable d'un autre. Quand l'un est en difficulté, l'autre a le droit de se déplacer dans la classe sans demander l'autorisation. Ensemble, ils essaient de savoir comment il faut s'y prendre pour y arriver, ce qu'il faut évoquer. Les résultats de ce parrainage sont probants.

Que se passe-t-il en effet dans ce monitorat ? On le sait, le vocabulaire d'un enfant est souvent plus approprié à un autre enfant que celui du maître. Souvent aussi, les bons élèves gardent leur savoir-faire pour eux, puisqu'ils se suffisent à eux-mêmes. Or, dans cette situation, ils prennent en compte leur camarade et se soucient de ses résultats et de sa compréhension. L'enfant en difficulté est rassuré de voir qu'avec Hubert, ou avec Paul, il comprend mieux qu'avec le maître. Et le climat de confiance réciproque est extraordinaire, il modifie la classe.

Ces classes "autogèrent" le travail et l'attention. Les moments d'intense silence succèdent aux moments de déplacements et de bruits, puisque les enfants ont le droit d'aller où ils veulent dans la classe quand ils ont fini leur tâche : il y a un coin jeux, un coin scrabble, un coin lecture, un coin ordinateur, et un coin où j'invente la classe. Or quand l'un d'entre eux est très excité, les autres le rappellent à l'ordre : "Tu pourrais pas te calmer un peu, je vois rien dans ma tête – ou j'entends rien !" Et le perturbateur cesse de perturber. L'autogestion vient de la méthode elle-même, car quand ils évoquent, quand ils gèrent, le silence règne.

Il arrive, comme dans toute classe, qu'ils n'en puissent plus, surtout en fin de matinée. Ils me le disent et nous faisons du chant, ou de la relaxation, ou du sport dans la cour. A cet âge-là – huit ans –, les enfants sont souvent maladroits, ils "tricotent" encore avec leurs jambes. Nous gérons alors les exercices physiques pour qu'ils ne tombent plus : comme la maîtresse de maternelle qui s'endort avec ses élèves, je ne fais pas semblant de faire les mouvements. Si je demande aux enfants de monter à la corde, je monte réellement à la corde : une première fois, pour les visuels, en silence ; une seconde fois, en parlant les gestes successifs pour les auditifs. Quand ils ont évoqué et géré, ils montent tous à la corde…

A la fin du premier trimestre, le retard sur le programme est d'un mois et demi. Mais nous terminons l'année avec un mois et demi d'avance sur les classes “normales”. Ce qui nous permet de faire des choses que nous n'aurions pas le temps de faire autrement : à la fin du CE 2, mes élèves savent gérer les multiplications avec un zéro baladeur (203 ou 230), et les divisions, qui ne sont pas au programme des cours élémentaires. Ces deux opérations ne demandent que quinze jours pour être acquises par les enfants, à partir de déductions : nous partageons un gâteau, ou des crêpes. Par un contrôle, je m'assure qu'ils ont bien compris et les maîtres de cours moyen sont là pour en attester.

Mes élèves ont aussi choisi de faire un journal, et ils termineront un roman collectif à la fin juin. Ils ont constitué des équipes de rédaction et gèrent le thème qu'ils choisissent. Puis, phrase par phrase, ils trouvent tous ensemble la formulation qui leur convient le mieux. Il ne me reste plus alors qu'à corriger les fautes d'orthographe – je ne peux pas leur demander de tout gérer à la fois – et à taper leur texte à la machine pour aller plus vite. Mais l'essentiel, le choix du thème et des mots, c'est le résultat de leurs évocations, de leur travail (voir illustrations).

Les glaces en folie

Toutes les glaces à la carotte sont déguisées en marionette. Elles valsent avec de jeunes jumeaux. Le lendemain, les glaces viennent retrouver leurs jeunes jumeaux au petit déjeuner. Monsieur Gomme vient apporter le courrier. Mademoiselle Cornichon rencontre madame Glace avec sont mari Salsifi.

Elle leur dit : « Venez donc manger des petits gâtiaux au chocolat et de la confiture sur du pain.

Annette

Virginie

LE ZOO DE LA CROIX

Un jaguar s'est échappé du zoo de la Croix. Si vous le voyez, écrivez au 815 la TRUITE SANS LYNX CEDEX CANARI PRUNE. Écrivez avant l'an 2000 car il sera mort !

Aujourd'hui, une mère(?) cochon dingue a fait 133 petits cochons dingues et les 133 sont morts à la naissance !

Un alligator a perdu 54 sur les 203 dents qu'il avait ! Un orange-dégoûtant a vu un hanameri qui perdait des noix de cacao. Un escargot s'est trompé de nid, il a atterri dans un nid d'autruche et il a pris l'œuf de l'autruche.

UNE NOUVELLE ENQUETE

DE

SHERLOCK HOLMES

-o-o-o-

CLASSE DE CE 2

JUIN 1987

CHAPITRE I

LE TELEGRAMME

-o-o-o-o-o-o-o-o-o-o-o-

Comme tous les après-midi à 17 heures, ce vendredi 29 mai 1891, Marie, la servante, prépare le thé pour son maître le détective Sherlock Holmes et son ami le docteur Wattson.

Soudain, la clochette de la porte d'entrée tinte. Marie va ouvrir. Le facteur apparait avec un télégramme à la main. Marie apporte la missive à Sherlock Holmes. Celui-ci l'ouvre et lit à haute voix :

GARE DE LONDRES

29 MAI 1981 - 13 HEURES -

TRAIN GLASGOW-LONDRES - STOP - DEVALISE -

STOP - 500 000 LIVRES DISPARUES - STOP -

VENIR ENQUETER RAPIDEMENT - STOP -

SIGNE : C. GUSTAVE - DIRECTEUR DE LA BANQUE

DE LONDRES

CHAPITRE II

UNE BONNE PISTE
-o-o-o-o-o-o-o-o-o-o-

Aussitôt arrivé à la gare de Londres, Sherlock Holmes s'adresse à un contrôleur et demande :

- Où se trouve le train Glasgow-Londres ?

- Vous le trouverez au quai numéro sept, lui répondit l'employé.

Sherlock Holmes et son ami se précipitent et grimpent dans le wagon postal dévalisé. Immédiatement, le détective sort sa loupe de sa poche et cherche des indices.

Tout à coup, Wattson crie:

- J'ai trouvé des empreintes de pas!

- J'arrive ! dit Sherlock Holmes, suivons les traces!

Les traces mènent nos deux héros au port de Londres, sur les berges de la Tamise. Elles s'arrêtent devant une péniche, la Belle Rose.

CHAPITRE III

L'ILE MYSTERIEUSE
-o-o-o-o-o-o-o-o-

Après avoir longuement cherché dans tous les recoins de la Belle Rose, Sherlock Holmes décide de rentrer à Londres pour rencontrer Monsieur Gustave.

En débarquant, son regard est attiré par une île au large. Le détective interroge un pêcheur:

- Est-ce que cette île est habitée ?

- Personne ne le sait, lui répondit l'homme. Une seule chose est certaine tous ceux qui s'y sont aventurés ne sont pas revenus. Mais, il n'y a pas très longtemps, j'ai vu un homme portant une cape noire et des lunettes prendre une barque avec deux autres hommes et se diriger vers l'île. Ils ne sont pas revenus, eux non plus.

- Un homme... avec une cape noire... mais je connais cet homme ! s'exclame Sherlock Holmes.

Cette méthode ne “fabrique” pas des génies, ni des supersportifs, mais elle permet à l’enfant d’être heureux dans sa tête, heureux dans son corps, et de prendre conscience qu’il peut aller au maximum de ses possibilités. C’est quand même formidable, non ? Ça change les rapports, ça change l’école, ça change tout.

Si le collège prenait le relais, ce serait pour les élèves une assurance sur l’avenir : leurs parents, qui en sont conscients, tentent de convaincre l’équipe enseignante de se former et de fonctionner en gestion mentale. Mais c’est un peu la révolution : traditionnellement, c’est le collège qui demande des comptes au primaire, pas l’inverse. Pour que des parents osent ainsi bousculer des professeurs, faut-il qu’ils soient convaincus de l’efficacité de la méthode !

Cette pédagogie exige un très gros investissement, beaucoup de travail, une remise en question constante. Et de l’humilité. Mais quand on voit le bonheur des enfants en classe, ou dans la vie tout court, n’est-ce pas le plus beau cadeau qu’un parent, qu’un enseignant puissent souhaiter ? Même si la gestion mentale n’était que cela, le bonheur de l’élève, le bonheur de l’enseignant, ce serait déjà une bonne raison de l’appliquer !

LES ÉTAPES D'UNE SÉQUENCE PÉDAGOGIQUE (ENSEIGNEMENT MAGISTRAL) EN PÉDAGOGIE DIFFÉRENTIELLE ET GESTION MENTALE

1. **Mettre l'élève en projet d'évocation mentale :**
   « Vous allez regarder..., écouter...
   pour revoir ou redire dans votre tête. »

2. **Présentation du message en double codage :**
   * de manière visuelle (graphique, schéma, mots, flèches...)
   * de manière verbale (avec repère temporel : *d'abord... et puis... et ceci plusieurs fois.*)

3. **Temps d'évocation mentale :**
   « Dans votre tête, vous revoyez, vous redites ou ré-entendez ce qui vient d'être expliqué. »

4. **Vérification de la justesse des évocations (par oral et par écrit)**

5. **Mémorisation :**
   Recommencez cette évocation mentale
   en voyant ou en vous disant que vous ferez cela
   chaque fois que vous aurez besoin de cette notion.

Bien préciser
le lieu, le temps, l'environnement
de cette ré-exploitation
(surtout pour les enfants les plus jeunes).

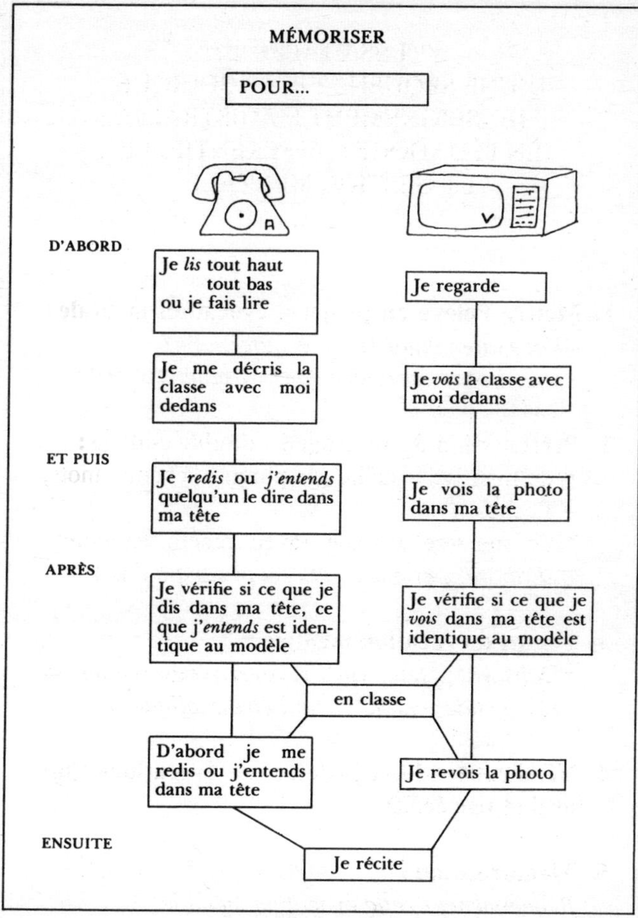

Conseils à donner à vos enfants avant de les envoyer en classe, d'après A. de La Garanderie.

Un groupe d'enseignants

POUR APPRENDRE L'ORTHOGRAPHE D'UN MOT

JE FAIS

Ceci — ou cela

ou les deux

Ceci	ou cela
1. Je regarde le mot pour le photographier dans ma tête	1. Je lis le mot pour le redire dans ma tête
2. Je revois le mot dans ma tête	2. Je redis et j'épelle le mot dans ma tête
3. J'écris le mot sur une feuille comme je le vois dans ma tête	3. J'écris le mot sur une feuille comme je l'épelle dans ma tête
4. Je compare ce que j'ai écrit avec le modèle	4. Je compare ce que j'ai écrit avec le modèle

Si ce n'est pas bien

mais si c'est bien

5. Je revois	5. Je redis et j'épelle

le mot dans ma tête
et je ferai cela chaque fois
que j'aurai à écrire ce mot

JE VOUDRAIS ÉCRIRE
UN MOT
CORRECTEMENT

Je regarde
J'écoute
Je lis le mot

pour

le photographier
dans ma tête

le ré-entendre
ou le redire
et l'épeler
dans ma tête

Je l'écris
en le REVOYANT
en l'épelant
dans ma tête

D'après A. de La Garanderie

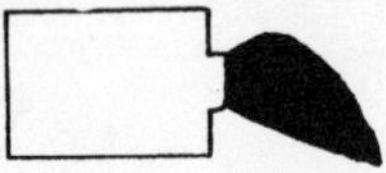

leur / leurs

Leurs gants sont fourrés.

Les gants sont fourrés.

Leur responsable est jeune.

~~Les~~ responsable est jeune.

Pierre leur promet une escalade.

Pierre ~~les~~ promet une escalade.

Leurs : devant un nom pluriel, je peux le remplacer par les, des, mes, ses, tes

Leur : devant un nom singulier, je peux le remplacer par un, le, la, ma, mon

Leur : devant un verbe est invariable, je peux le remplacer par lui.

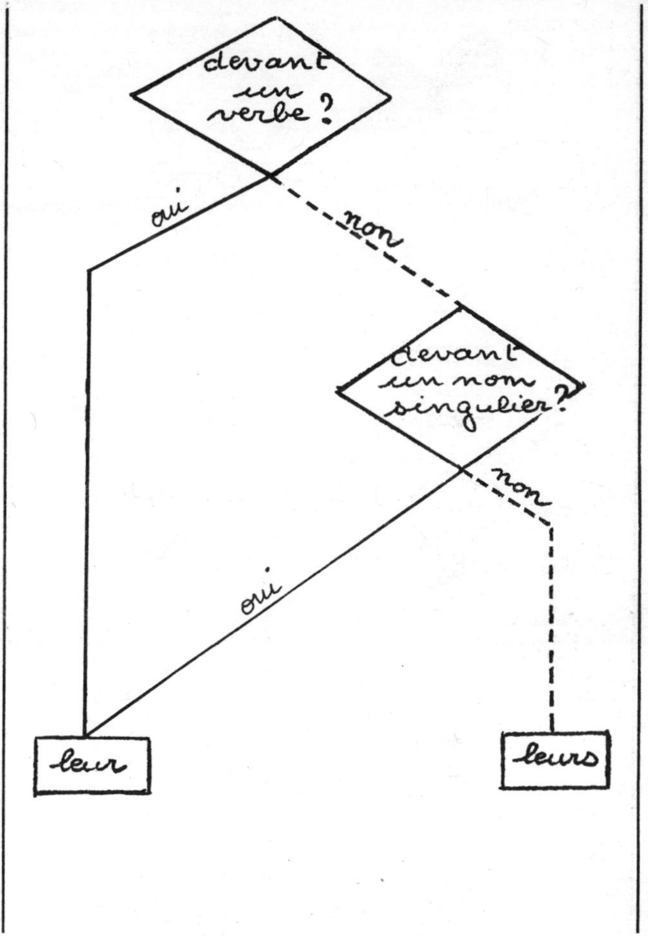
devant
un
verbe ?
oui
non
devant
un nom
singulier ?
non
oui
leur
leurs

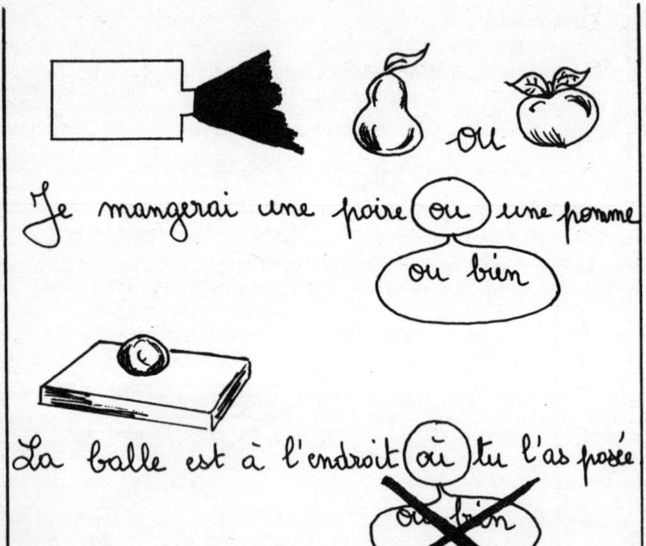
ou
Je mangerai une poire ou une pomme
ou bien
La balle est à l'endroit où tu l'as posée
ou bien
ou : indique un choix. Je peux le remplacer par ou bien
où : indique un lieu (un endroit)

Souvenirs.

« Regarde cette photo maman ! s'écrie Bénédicte, j'étais toute petite.
J'avais quel âge ?
- Tu avais tout juste trois mois, dit maman. C'est le jour où papa t'avait offert cet ours en peluche avec qui tu dors toujours.
- Je suis grande maintenant, à la fin de cette année, je ne dormirai plus avec mon ours, répondit la fillette. »

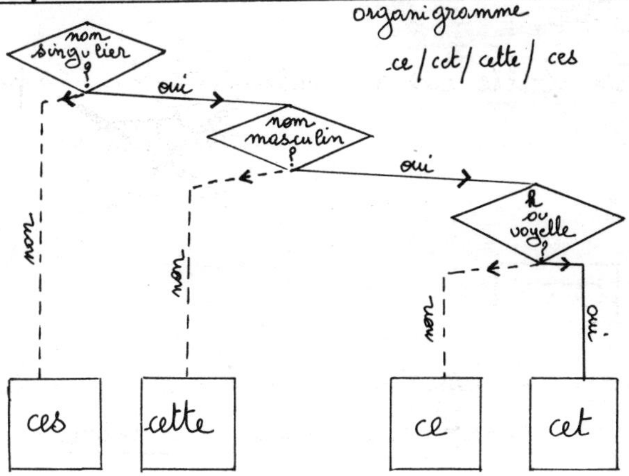

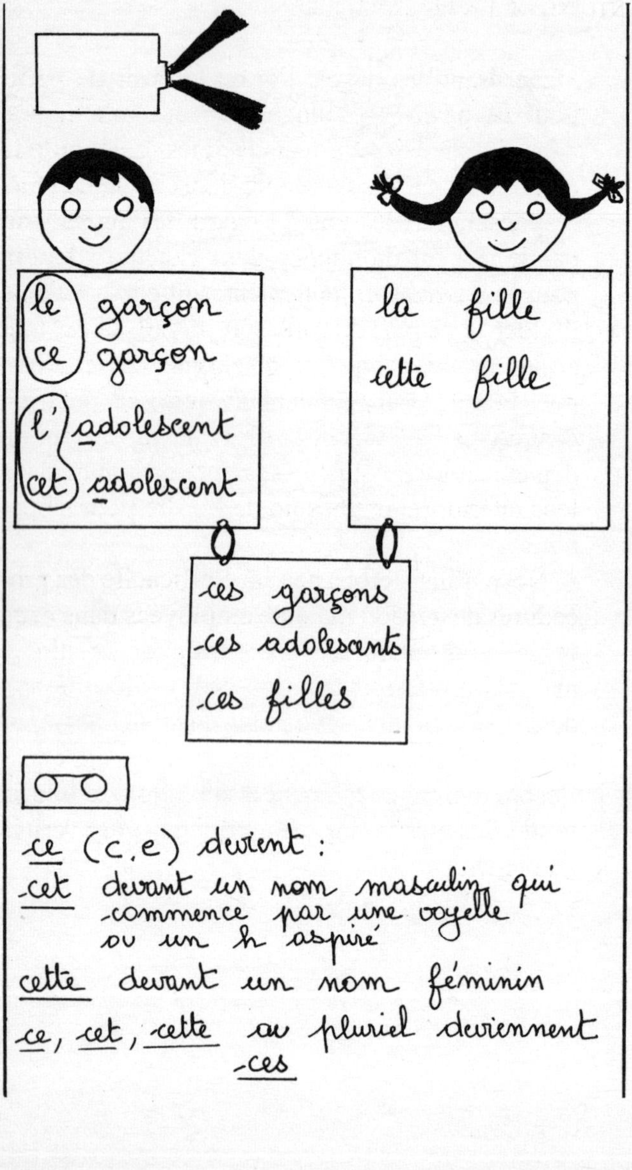
le garçon
ce garçon
l' adolescent
cet adolescent
la fille
cette fille
ces garçons
ces adolescents
ces filles
ce (c, e) devient :
cet devant un nom masculin qui commence par une voyelle ou un h aspiré
cette devant un nom féminin
ce, cet, cette au pluriel deviennent ces

ANTOINE DE LA GARANDERIE :

En lisant ces pages, j'ai eu le désir de partir pour ce pays des Mauges. Ce qui m'a frappé dans l'expérience de Jean-Jacques, c'est qu'elle entraîne les élèves à prendre conscience de leurs responsabilités les uns à l'égard des autres, soit par le respect du silence dont chacun a besoin pour se nourrir spirituellement, soit par la volonté d'aider le camarade dans son travail. C'est tout à fait remarquable. La discipline cesse d'être une mesure institutionnelle contre la peur du désordre, elle devient le fruit de la promotion des consciences qui, se sentant reconnues dans leur intériorité, ont besoin de l'ordre pour s'épanouir.

Nous n'insisterons pas sur l'efficacité des procédures de gestion mentale employées dans cette école, nous avons eu l'occasion de le dire à maintes reprises. Mais que cette efficacité soit désormais connue et reconnue de toute une population grâce au rôle de fer de lance joué par l'école montre ce qui peut être fait lorsqu'elle se fonde justement sur des principes de vérités humaines.

L'école du mercredi

Professeur de biologie, André Cesmat aimait passionnément son métier et ses élèves. Il formait avec Michèle, professeur de français et documentaliste, sa complice en gestion mentale, un duo de formateurs très apprécié dans toute la région grenobloise, mais aussi à Genève d'où les demandes de formation affluent.

André était un homme de convictions, qu'il énonçait d'une voix douce mais ferme. Son bonheur d'enseigner, sa générosité, sa volonté de faire bouger les choses « de l'intérieur » par cette nécessaire remise en question du rôle de l'enseignant m'avaient aidée à comprendre l'importance de cette pédagogie.

André aimait aussi la montagne, passionnément. Une avalanche a eu raison de lui en février 1988. Il avait trente-trois ans.

« Quand j'ai commencé à me regarder et à m'écouter enseigner, m'avait-il raconté, je me suis rendu compte qu'il m'importait plus de faire mon cours que de savoir ce qu'eux, en face, en percevaient. Aujourd'hui, il n'est plus question pour moi de corriger les devoirs comme avant, de juger hors sujet le baratin que certains débitent alors que je demande un schéma. Être à l'écoute de ce baratin, analyser autrement le travail et le questionnement des élèves, tout devient important et me renseigne sur leur façon de procéder.

Quand l'un d'eux me dit : "Je ne comprends pas", ou "Qu'est-ce qu'il y a là ?", j'essaie de savoir pourquoi il me pose cette question à ce moment-là, ou de percevoir l'élément qui lui manque dans mon cours pour l'aider à comprendre.

Avant, quand je faisais un schéma d'un œil en coupe, je ne voyais pas pourquoi certains ne comprenaient pas : il n'y a rien à comprendre, c'est un œil en coupe, voilà tout. Et régulièrement, la moitié de la classe me reprochait d'aller trop vite. J'ai donc commencé – et cela n'a pas été simple – à raconter ce qui était pour moi "irracontable" : les images. Je demande aujourd'hui aux élèves d'imaginer l'œil comme une orange coupée, puis je resitue les différents éléments de l'œil : d'abord à l'extérieur – on imagine les cils et les sourcils – puis à l'intérieur, détail après détail. Et curieusement, alors qu'au début j'avais l'impression de perdre du temps parce que je racontais des choses évidentes pour moi, j'ai constaté que les élèves étaient attentifs, calmes. La procédure leur convenait de toute évidence.

J'ai suivi un cycle complet de stages et commencé à faire des entretiens pédagogiques. Je prenais des groupes de trois élèves et leur expliquais qu'il se passait des choses dans nos têtes : j'avais envie de savoir ce qui se passait dans la leur. Je leur disais que nous fonctionnions tous d'une certaine façon et qu'il ne s'agissait aucunement de porter un jugement sur l'une ou l'autre : toutes se valent. Mais si je connaissais leur procédure, je pouvais peut-être les aider à progresser.

A ma première question : si je te dis pomme, que se passe-t-il dans ta tête ? ils se sont regardés. Ils devaient se demander si j'étais tout à fait normal... Après un temps de flottement, le déclic s'est quand même opéré et ils se sont progressivement branchés sur leurs images mentales. Le dialogue s'est installé entre eux : "Tiens, moi je ne fais pas comme toi. Mais pourquoi tu fais comme ça, tu pourrais faire comme moi !"

J'avais prévenu les parents pour qu'il n'y ait pas de malentendu : j'imaginais trop leur tête quand les enfants rentreraient chez eux en disant que leur prof racontait des histoires de pomme... Certains ont été intéressés par la démarche et des groupes de parents F.C.P.E. (Fédération des conseils de parents d'élèves) nous ont demandé une formation.

Faire ce type de travail en solitaire, au milieu d'une équipe pédagogique souvent indifférente, ce n'est pas simple. Les difficultés sont de plusieurs types : avec les élèves d'abord, parce qu'ils se font, dans leur tête, une représentation très rigide du système scolaire. L'histoire-géo, ça s'apprend par cœur, il n'y a pas d'autre façon. Et si je ne fais pas comme ça, le prof ne sera pas content. Même si tu me dis que je devrais me faire des images et que je réussirais à apprendre mes leçons.

Quant aux collègues, rares sont ceux qui sont prêts à faire le travail d'introspection que nécessite cette pédagogie. Il est plus facile de dire à un élève : "Réfléchis !", "Fais attention !", "Travaille !" plutôt que de se convaincre qu'on a les moyens de lui expliquer *comment* il peut être attentif, ou *comment* il peut apprendre à mieux travailler. Mais bien sûr, il faut avoir envie de se mettre à la place de l'élève et de se creuser un peu plus la cervelle sur le plan méthodologique…

Certains collègues considéraient les entretiens pédagogiques que je menais avec les élèves comme une visite chez le médecin. Ils m'envoyaient des élèves qui n'allaient pas très bien et attendaient de moi un diagnostic où j'aurais réduit l'élève à une espèce d'équation. Ensuite, certains se servaient de mes conclusions pour dire à celui-là : "Tu sais bien que ce n'est pas comme ça que tu dois faire. On t'a dit qu'il fallait voir dans ta tête. Alors fais-le !" ou à un autre : "Ce n'est pas étonnant si tu ne comprends pas, tu es un visuel !" J'ai donc cessé de faire des "diagnostics" qu'ils ne comprenaient pas. J'ai arrêté de jouer… »

Michèle : « Dans le collège où nous enseignons, nous recevons sans discernement tous les enfants à la sortie du primaire – en général, le passage en 6e se fait sur dossiers : il y a ceux qui y sont admis, et ceux qui vont dans les sections d'éducation spécialisée, les S.E.S. Nous avons, en moyenne, 30 % d'enfants immigrés et, à la fin de la 5e, nous nous retrouvons avec quatre-vingts élèves en grande difficulté dont personne ne sait quoi faire, puisque leur dossier ne leur permet pas d'accéder au L.E.P. (lycée d'enseignement professionnel).

Le choix se réduit donc, pour eux, à un redoublement – ce qui est une catastrophe – ou un passage en 4e. Chaque année, nous essayons de trouver une nouvelle formule et nous avons créé une 4e dite technologique.

Deux ou trois autres établissements grenoblois adoptent la même formule. Cette 4e regroupe entre quinze et vingt élèves qui ont encore un projet scolaire et qu'on aimerait mener jusqu'en 3e pour qu'en dehors des trois ou quatre qui pourront entrer au lycée ils puissent au moins entrer dans un L.E.P. Quand l'équipe d'enseignants m'a demandé d'enseigner le français à ces 4e, je n'ai pas pratiqué d'entretien pédagogique individuel, mais expliqué que je travaillais selon les méthodes de quelqu'un qui était, à quinze ans, comme eux, en échec scolaire, et qui a passé sa vie à réfléchir sur les conditions de la réussite. Je leur ai proposé d'utiliser les méthodes préconisées par Antoine de La Garanderie pour l'orthographe d'abord. “Nous lisons ensemble la dictée puis vous fermez les yeux pour vous redire, ou pour revoir les mots dans votre tête ; ensuite, nous les écrirons au tableau. On travaillera toujours de la même façon et quand je vous dirai : attention, essayez de vous représenter les choses dans votre tête, vous aurez cette démarche par rapport au mot...”

Certains l'ont tout de suite fait avec beaucoup d'application. Pour la première fois, quelqu'un leur disait qu'ils avaient raison de faire ce qu'ils faisaient, mais qu'il restait à régler le problème de leur fonctionnement. J'ai expliqué à un élève trop bavard qui se raconte des histoires souvent sans aucun rapport avec le sujet, que si son comportement l'aidait à avoir de bonnes notes en rédaction, il devait aussi apprendre à travailler en équipe, à écouter les autres, à se taire parfois pour écouter ses camarades ou ses professeurs. Il a très bien compris et il travaille dur pour arrêter le flot de son discours. En quelques mois, il a fait des progrès.

Pour toutes les activités de créativité, je me sers d'une méthode qui consiste à faire, à partir d'un mot, une palette de mots, par analogies ou différences. Quand la grille est complète, chacun utilise le moyen qui lui convient – une caméra, un zoom, un travelling mental – pour raconter sa propre histoire avec les mots dont il dispose. Ces enfants qui, dans l'ensemble, ne sont pas bons en français, sont étonnés de voir qu'ils ont tous des histoires extraordinaires à raconter. Et deux mois plus tard, si je leur demande de se remémorer la grille, et de noter les mots qui leur reviennent, le résultat est surprenant : ils ont mémorisé la quasi-totalité des mots.

Peu à peu, on arrive ainsi à ébranler dans leur tête l'idée qu'ils sont nuls ou incapables de se concentrer ou de mémoriser. Mais ça prend du temps… »

André : « Il faut prendre le temps, ne pas bousculer les choses : les enfants ont besoin de ce temps pour comprendre ce qu'on peut leur apporter.

Quand vous proposez à des élèves de faire quelque chose qu'ils ne faisaient pas auparavant, ils ont peur de l'échec. Mais dès qu'ils ont l'occasion de constater que ça marche, on peut être sûr qu'ils y reviendront de plus en plus souvent.

Il est vrai que si toute l'équipe fonctionnait selon les mêmes méthodes, si nous arrivions à former, par exemple, un mini-collège en gestion mentale, nous pourrions sécuriser les élèves et leur redonner confiance, quelle que soit la matière. Mais comment ne pas comprendre leur peur de mal faire quand ils savent que tous les profs n'ont pas la même façon de procéder ! »

Michèle : « La priorité des priorités, c'est de s'interroger sur son propre fonctionnement et d'écouter les autres dire le leur ; quand on fait cette démarche, quand on est à l'écoute, les élèves ne se sentent plus aussi isolés.

Mais, attention, il n'est pas question de faire du "forcing". Si, par maladresse, on leur laisse croire qu'ils "doivent" fonctionner d'une certaine façon, on va vers un échec parce qu'ils l'interpréteront comme une obligation de plus ; ils s'en désintéresseront ou la refuseront. Or l'une des richesses fondamentales de la gestion mentale, c'est justement de permettre que chacun soit responsable de sa pratique, que chacun prenne conscience qu'elle en vaut bien une autre et qu'on peut l'améliorer.

Les élèves qui parviennent à parler de leur fonctionnement trouvent leur propre remède. Plutôt que de faire un entretien point par point, il suffit de faire parler l'élève de ce qu'il aime faire pour déceler, dans ce qu'il vous dit, sa manière de procéder. Imaginons qu'il aime faire des tartes aux pommes et qu'il vous raconte comment il s'y prend pour les réussir. Remettez la discussion sur un point d'échec scolaire et demandez-lui s'il procède là comme pour faire ses tartes. Il vous répondra sans doute par la négative mais il aura compris qu'il peut essayer. C'est une sorte de contrat minimum qu'il peut décider d'atteindre. En tout cas, il a repris conscience d'une possibilité à sa portée et, très souvent, il trouve tout seul la solution. C'est lui qui a ses clefs en main ! »

André : « Quand je dis à mes élèves qu'ils ne travaillent pas assez, ils savent parfaitement ce que cela veut dire parce que j'ai commencé par là, par leur expliquer comment on travaille. Mais si je ne leur donne pas les moyens de faire ce que je leur demande, comment sauront-ils être rigoureux ? La majorité des enseignants tient un discours qui a peu de chance d'être compris des élèves. »

Michèle : « En dehors de mes heures d'enseignement, je suis documentaliste au centre de documentation et d'information (C.D.I.) du collège. Je vois à longueur d'années défiler des élèves qui viennent consulter des documents et demander de l'aide. Récemment, un groupe de 3e, des petites Maghrébines que je connais bien parce qu'elles viennent très souvent travailler ici, avaient à préparer un dossier sur la Sibérie.

En discutant avec elles, je me suis rendu compte que l'une d'elles ne comprenait pas ce qu'était une mine de charbon, qu'elle n'arrivait pas à comprendre que c'était sous la terre. Elle avait pourtant bien appris son cours, mais comme elle ne comprenait pas les mots, elle les donnait dans n'importe quel ordre. La plupart de ces enfants ont un vocabulaire très pauvre, elles ont les mots parce qu'elles les ont entendus, mais ils ne recouvrent rien. Ce n'est pas faux, c'est *rien*.

Je lui ai parlé du désert de Sibérie et demandé quelle image du désert elle avait dans sa tête : le sable, bien sûr, sa seule évocation se rattachant au Sahara. J'ai alors sorti tous les documents que j'avais sur la Sibérie et les mines, tous les livres, toutes les photos, et j'ai dit à la gamine : regarde la neige, regarde Moscou, et maintenant regarde les photos du Sahara et des gens du désert, et fais la différence. Je ne dis pas que les profs ont toujours le temps de faire faire des évocations à leurs élèves, mais ce n'est quand même pas difficile de passer des diapos, d'illustrer, chaque fois qu'on le peut, une séquence historique, ou un paysage, ou un type de végétation ! Parlez-moi de mines pendant deux heures sans me montrer la moindre image, je pataugerai aussi !

Ces enfants ont la plupart du temps le son du mot, mais ils n'ont pas l'image qui va avec. Et surtout ils ont l'illusion qu'ils comprennent ce qui est dessous. Mais ils n'ont jamais, culturellement, intégré les concepts, ni quoi que ce soit qui ait un rapport vrai avec le contenu des mots qu'on emploie. Allez leur faire comprendre ce qu'est un "céleste courroux" ! C'est un véritable trompe-l'oreille, dont la télévision est trop souvent responsable. »

André : « J'ai aussi des élèves de 5e qui ne se font pas d'évocation sur des mots banals. Au début, je leur demandais de m'arrêter quand ils ne comprenaient pas, mais je me suis vite rendu compte qu'ils faisaient semblant de comprendre, ou plutôt qu'ils croyaient comprendre parce qu'ils avaient la musique du mot dans la tête, mais rien d'autre. J'ai donc changé ma tactique : maintenant je leur dis de m'arrêter dès qu'ils n'ont rien dans la tête quand je dis un mot et, ensemble, nous y mettons quelque chose. Ils ont parfaitement saisi l'intérêt qu'ils pouvaient en tirer et ils s'en servent très bien.

L'important pour moi, dans mon enseignement, ce n'est pas le contenu ; ce que je veux éviter à tout prix, c'est la confusion. Et j'aimerais construire dans leur tête l'édifice d'images nécessaires pour que demain, ou l'an prochain, ils aient à leur disposition, dans leur tête, tout le matériel utile. Si j'y arrivais, je pourrais estimer que j'ai gagné mon temps – et le leur. »

Michèle : « Praticiens de la gestion mentale, nous n'avons pas le moins du monde l'intention de mettre en doute la bonne foi et la bonne volonté de nos collègues. Mais tant qu'une majorité d'entre eux seront persuadés que leur façon de faire est non seulement la bonne, mais qu'elle est bonne pour tous, tant qu'ils ne se soucieront pas de ceux qui sont différents, nous n'aurons pas fait un pas.

Le rêve serait d'ouvrir une école du mercredi où les enfants – et, pourquoi pas ? les parents – viendraient apprendre à apprendre le plus efficacement, à acquérir la méthodologie qui leur manque si souvent. Mais il faudrait que l'Éducation nationale accueille cette structure en son sein, sinon ce serait encore et toujours au profit de l'élite, ou de ceux qui peuvent payer. Et ce jour-là, mes petites Maghrébines seraient vraiment larguées… »

ANTOINE DE LA GARANDERIE :

> L'engagement professionnel d'André et Michèle se caractérise par l'exigence de lucidité mentale et pédagogique. Parce que le premier s'avise qu'il a des façons mentales de penser qui lui sont propres, il en conclut que ses élèves ont certainement les leurs et qu'il doit les aider à en prendre conscience sans leur imposer en aveugle les siennes.
>
> C'est à partir du sort que l'orientation leur fait que Michèle, de son côté, envisage le problème

du développement mental de ses élèves. Elle montre que la communication des moyens mentaux d'apprendre constitue un préalable. Elle affirme que les conditions sociales les plus défavorables ne résisteraient pas à une pédagogie qui révèle à l'élève ce qu'il doit faire mentalement pour réussir. Les situations où l'élève en détresse est éclairé sur ce qu'il peut mettre en œuvre pour se tirer d'affaire sont décrites d'une façon qui illustre parfaitement ce que disait Bachelard : les renseignements importent plus que l'enseignement.

On n'est pas le bon Dieu

Marie-Louise enseigne la physique dans un collège genevois. Méthodologue – une profession qui n'a pas son équivalent en France –, elle conseille ses collègues sur leur méthode d'enseignement. Curieuse de tout ce qui ressemble, de près ou de loin, à une pédagogie, elle glane, ici et là, ce qui peut aider les élèves et améliorer la qualité du message enseignant. Et c'est avec une maestria étonnante qu'elle adapte le tout au quotidien.

Dans la pédagogie de la gestion mentale, ce qui l'a particulièrement intéressée, c'est cette remise en question du maître. Elle la croit indispensable pour faire avancer et bouger l'école. Mais c'est aussi la transmission du message sous les deux formes, visuelle et auditive, pour ne laisser aucun élève en situation d'échec.

Une fois par semaine, elle mène également, avec la complicité d'un collègue, des entretiens pédagogiques collectifs. Y participent les élèves qui le souhaitent et Marie-Louise estime que « s'ils viennent régulièrement à ces entretiens, sacrifiant l'heure de la cafétéria et de la détente, c'est bien parce qu'ils y trouvent leur intérêt, non ?

Pourtant, d'entrée de jeu, nous leur disons que nous ne faisons pas de miracle et que, si miracle il y a, ils en seront les seuls artisans. Nous leur disons aussi qu'il ne sera pas question de "pédagogie", ni de psychologie : le passé, leur mauvais passé scolaire, nous ne nous en occupons pas. L'important, c'est ce qu'ils sont aujourd'hui et ce qu'ils aimeraient devenir demain.

Nous avons constaté qu'une grande partie de ces élèves en difficulté ont une imagination débordante. Peut-être est-ce l'une des raisons qui les ont empêchés d'entrer dans le moule de l'école et de suivre un cursus scolaire normal ?

Nous sommes là pour leur redonner confiance, pour leur faire prendre conscience aussi qu'ils ont en eux les moyens de faire des progrès. Leur comportement change au bout de quelques mois, ils savent alors comment ils fonctionnent, maîtrisent mieux leur procédure. Mais certains sont trop habitués à ce qu'ils font et refusent de procéder autrement, même s'ils sentent bien que ça marcherait mieux.

Un de mes élèves a d'énormes difficultés. Je le crois plutôt visuel, mais il persiste à apprendre autrement. Pendant les entretiens, j'essaie tout doucement de lui faire prendre conscience de son véritable fonctionnement. Il ne s'agit pas de lui dire : tu devrais faire comme ça, mais de l'amener à reconnaître et à accepter sa façon de faire.

Comme il est particulièrement mauvais en orthographe, nous avons travaillé avec lui certains mots sur lesquels il butait. Nous les avons écrits, il les a regardés, et encore regardés. Nous lui avons conseillé de les évoquer visuellement. Quinze jours plus tard, nous lui avons demandé, sans l'en avoir prévenu, d'écrire ces mots : il l'a fait sans la moindre faute. Il les avait parfaitement codés et mémorisés. Ce qui ne l'a pas empêché de refuser d'admettre pourquoi il avait pu les écrire correctement : il nous a même soutenu qu'il ne les avait pas regardés ! Il n'empêche : le jour où il prendra conscience de sa procédure, il sera sorti d'affaire.

Je ne donne plus en classe aucun travail sans le présenter sous sa double forme, visuelle et auditive. Et si je vois des élèves bavarder pendant que j'explique quelque chose, je ne me dis plus qu'ils sont insupportables, mais que ce sont des visuels qui ont besoin de travailler différemment.

Depuis 1981, le collège où j'enseigne a mis en place, à ma demande, un certain nombre d'innovations pédagogiques centrées sur l'apprentissage par l'autonomie. Longtemps, j'ai exigé des élèves qu'ils commencent par ce qui me semblait le commencement : l'expérimentation. Or depuis que je connais les thèses d'Antoine de La Garanderie, j'ai réalisé que chacun a son propre fonctionnement et que certains ont besoin de prendre d'abord leur livre, d'arriver par la théorie à l'expérimentation. Maintenant, je les laisse faire comme ils l'entendent, dans l'ordre qui leur convient. J'exige simplement qu'ils ne sautent aucune étape.

Dans leur grande majorité, les élèves préfèrent l'expérience au blabla théorique, et ils apprécient de pouvoir travailler par eux-mêmes, de fabriquer, toucher, manipuler. Certains ne lisent jamais le protocole qui accompagne toute expérimentation : ils jouent d'abord avec le matériel pour savoir ce qu'il y a dans la petite boîte avant de s'interroger sur ce qu'ils ont à faire. D'autres professeurs les pénaliseraient, moi je sais que ce n'est pas du temps perdu : quand ils auront essayé, chauffé et fait peut-être quelques erreurs – je ne les laisse bien entendu jamais prendre le moindre risque – ils seront capables de comprendre ce que je leur demande, et ils y répondront très vite. Mon rôle est de leur rappeler qu'ils doivent se mettre en projet de se recentrer sur la consigne, de la résoudre et de l'écrire.

Je les interroge sur les pourquoi et les comment de leur procédure. Je ne me contente pas de réponses évasives, et ils le savent : s'ils procèdent de telle façon, ils doivent me dire pourquoi ; s'ils se sont trompés, ils doivent noter leur erreur et en chercher la raison.

Je refuse d'apporter *la* définition du maître. Si je demande aux élèves de définir l'atome, et si certains me donnent une définition qui leur semble cohérente, je l'accepte. Bien sûr, mes collègues poussent de hauts cris et m'accusent de pervertir la physique. Mais je reste persuadée que seuls l'expérience et le dialogue amèneront ces élèves à changer d'avis. Celui qui est convaincu que les objets ont leur propre température ne réalisera son erreur que s'il fait tout seul son chemin vers ma proposition. Sinon, il ne pourra pas l'entendre.

En physique plus qu'ailleurs, nous travaillons sur la réalité. L'expérience n'est-elle pas, dans cette matière, une réduction du réel en modélisation ? Avant de tenter une expérimentation, on ne peut pas savoir tout ce qui peut se produire et je n'ai aucun mal à dire à mes élèves qu'en effet je n'ai pas en main toutes les solutions, et qu'il m'arrive de me trouver dans la même situation qu'eux. Mais, en général, les enseignants n'aiment pas se poser les mêmes questions qu'un élève, ni se demander ce qu'il convient de faire pour débloquer une situation. C'est pourtant si enrichissant ! Mais voilà, c'est une remise en question de notre autorité, c'est accepter de dire tout haut qu'on n'est pas le bon Dieu…

Cette pédagogie nous contraint à prendre conscience de ce que nous apportons à nos élèves. Or si tant d'enfants ne trouvent pas au sein de l'école tout ce qui leur est nécessaire pour s'épanouir et apprendre, n'est-ce pas parce qu'ils n'y trouvent pas ce qu'il faut ? N'est-ce pas parce que ce que nous leur offrons ne marche pas ? Pour que chacun puisse accéder à l'enseignement, il nous faut le différencier et montrer aux élèves qu'ils ont en eux le moyen de réussir.

L'enseignement ne tourne pas rond, les élèves n'apprennent pas par simple transmission des connaissances. De plus en plus d'enseignants en sont conscients. Il y a une nécessité urgente d'adapter l'enseignement aux élèves – et pas le contraire ! Mettre notre savoir à leur service, les aider à se responsabiliser, leur donner les moyens de comprendre l'objectif de chaque épreuve, ou leur expliquer comment et sur quoi on les note, prendre le temps de leur dire ce qu'ils doivent apprendre, et comment ils peuvent le faire : voilà une série d'objectifs simples pour des enseignants. Les méthodes d'Antoine de La Garanderie permettent d'y arriver.

Mais il ne s'agit pas pour autant de "bricoler" la gestion mentale, ni de créer de nouvelles races d'élèves, les visuels et les auditifs, en caricaturant chaque groupe. Si c'est pour aider l'élève à réussir, je suis pour. Si c'est pour fabriquer artificiellement un nouveau système d'évaluation, alors je suis résolument contre.

L'école ne doit plus être le lieu où des professeurs parlent pour des élèves qui n'existent pas. Tant qu'on n'acceptera pas de se remettre en question, de se connaître mieux pour mieux comprendre les autres, pour mieux accepter les différences, on n'avancera pas.

Un parent m'a dit un jour une phrase que je n'oublierai jamais : "L'école est faite pour les enseignants, pas pour les élèves." Avait-il vraiment tort ? Imaginons une structure où chaque maître vivrait, un moment, la vie très exacte d'un élève. Je suis persuadée que nous ne le supporterions pas. Alors, comment leur reprocher de ne pas jouer le jeu, d'être ailleurs pendant que nous racontons nos cours ? Nous devrions méditer cette phrase d'un pédagogue américain : "Les élèves sont bien plus intelligents qu'on ne croit, et bien plus résistants puisqu'ils arrivent à apprendre malgré nous." Intelligents, ils le sont certainement. Alors, si nous les aidions à apprendre ?

Antoine de La Garanderie a raison de dire qu'on peut aller plus loin, avec d'autres méthodes et d'autres pédagogies. Mais on ne peut pas ne pas passer par ce qu'il propose. Cette connaissance-là de l'élève, on ne peut pas en faire l'économie. Elle reste incontournable pour qui veut faire un enseignement digne de ce nom. »

ANTOINE DE LA GARANDERIE :

L'élève auquel Marie-Louise propose avec discrétion de « voir les mots dans sa tête » améliore dans les jours qui suivent la qualité de son orthographe d'usage, mais se refuse à en attribuer la cause à la mise en pratique de cette méthode. Cela fait penser au tout jeune enfant qu'on veut aider à accomplir un geste et qui proteste en s'écriant : « Non, tout seul. » Il y a en effet chez certains enfants une sorte de fierté qui les conduit à ressentir comme une atteinte à leur identité personnelle les conseils qu'on leur dispense. Tout au long de son témoignage, Marie-Louise revient à ce qu'on peut appeler *l'exigence d'autonomie* de l'élève qui se traduit par la manifestation d'une pudeur farouche.

Marie-Louise se rend parfaitement compte que l'appropriation des méthodes d'acquisition des connaissances est l'étape fondamentale, et qu'elle requiert de la part de l'enseignant de la discrétion dans l'éclairage qu'il peut procurer. Ce n'est pas le « y'a qu'à » ni le « mais c'est tout simple : fais comme moi ». Il faut suggérer, proposer dans la perspective suivante : « Étant donné ce qui semble être tes façons habituelles d'opérer, peut-être aurais-tu avantage à… » L'enseignant est en recherche, avec l'élève, sur la spécificité des procédures qui doivent sauvegarder l'originalité de l'élève. En outre, l'attention et l'inattention des élèves sont relatives à leur mode spécifique, visuel ou auditif, d'évocation.

Tant qu'on n'a pas pris conscience des lois du comportement mental, il est sûr que l'école est faite pour que les enseignants, selon leur mode particulier d'opérer mentalement, exposent leur savoir ; elle n'est pas à la disposition des élèves pour leur permettre d'acquérir celui-ci. Marie-Louise a cent fois raison : on ne pourra pas longtemps faire l'économie de la connaissance des modes mentaux de l'acquisition et du développement du savoir. Le vin est versé…

Et si on essayait...

Des instituteurs comme Jean-Jacques, ou Monique, des professeurs comme André, ou Catherine, nous en connaissons tous. Ils n'ont pas choisi cette profession par hasard, ils ne considèrent pas les enfants comme des sous-êtres à soumettre. Leur seul but est de voir leurs élèves réussir. Imaginons un instant que ces hommes et ces femmes à qui nous confions nos enfants pendant des années pratiquent la gestion mentale dans leur classe. Un rêve, non ?

Et si nous allions, tout doucement, très prudemment, leur en parler ? Faites l'expérience autour de vous : dites à vos amis que chacun d'entre nous a besoin, pour être attentif, pour réfléchir, pour mémoriser, pour imaginer, de se faire des « images mentales », auditives ou visuelles, et de se mettre en projet. Vous provoquez aussitôt des : « Attends, répète ce que tu viens de dire... » qui vous donnent l'occasion de prendre un exemple, n'importe lequel : comment fais-tu pour te rappeler un numéro de téléphone ? Qu'est-ce qui se passe dans ta tête quand je te dis : 72 + 237 ?

Te souviens-tu de notre prof de français ? Aussitôt, ils vous relancent, et vous questionnent, et se questionnent et en parlent à leurs amis.

Les arguments contre, nous les connaissons et nous pouvons y répondre point par point.

Trop de temps pour installer la pédagogie en début d'année ?

D'accord, mais c'est un temps que vous gagnez sur l'erreur toute l'année.

Pédagogie individualisée ?

Pour certains seulement, et au profit de tous.

Introspection ?

Vous qui enseignez, n'avez-vous pas envie de savoir comment vous fonctionnez dans votre tête ?

Difficulté de déterminer les auditifs et les visuels ?

Ne vous en occupez pas, donnez le message sous les deux formes, chacun se servira selon ce qui lui convient.

On n'y peut rien, il y a les élèves motivés et les autres ?

Donnez à tous les moyens d'être motivés, et vous vivrez mieux votre classe.

Déstabilisation du rôle de l'enseignant ?

Par rapport à quoi, par rapport à qui quand vous y gagnez le respect et l'estime des élèves ?

Et nous, parents, si nous cessions de jouer aux petits chefs avec nos enfants pour les devoirs et les leçons ? Si nous cessions de faire comme si nous savions tout ? Si nous retrouvions un peu d'humilité devant la masse de savoir qu'ils ont à engranger ? Si nous nous arrêtions un instant pour nous questionner, pour tenter de comprendre comment nous ferions, nous, pour apprendre cette poésie difficile, cette succession de dates historiques, ce vocabulaire d'anglais, ou pour construire cette dissertation, ou pour résoudre ce problème d'algèbre ? Si nous nous donnions les moyens d'apprendre à apprendre à nos enfants ?

Que de fois, comme vous, me suis-je laissé emporter par des « Mais qu'est-ce que tu ne comprends pas, c'est pourtant clair, non ? », des « Fais attention », des « Ce n'est pas possible, tu ne peux pas soutenir que tu as appris ta leçon, tu ne la sais pas. Va dans ta chambre et apprends-la » ! Aujourd'hui, je ne peux plus leur servir ces phrases toutes faites et, convenons-en, si commodes… J'essaie, timidement, de trouver, avec eux, les évocations qui les aideront, de jouer à se mettre en projet le plus souvent possible quand nous sommes ensemble. Et je me sens si égale à eux, si perdue parfois quand j'ai, moi aussi, l'impression que je savais…

Je ne sais pas si je suis « auditive », ou « visuelle », je chercherai peut-être à le savoir, un jour. Mais ce que je sais, c'est que nos enfants ont en eux les moyens de réussir et de vivre une scolarité plus agréable, plus heureuse.

Et si nous essayions, avec l'aide des enseignants, de faire bouger l'école ? Et si nous demandions au ministère de diffuser largement le rapport remis par Antoine de La Garanderie ? Et si nous n'attendions pas que les pays francophones aient installé massivement la gestion mentale pour voir nos écoles lui ouvrir leurs portes ? Et si nous affirmions très haut que le jeu en vaut la chandelle ?

Conclusion

Antoine de La Garanderie, lui, n'en démord pas : « Les orientations prématurées d'élèves, les classes de rattrapage, les échecs aux examens, les études universitaires limitées à un demi-premier cycle sont, dit-il, dans 80 % des cas, la conséquence injuste d'une ignorance formidable en matière de vie mentale.

Les élèves ressentent leurs échecs comme on vit une injustice. On ne leur laisse pas d'autre choix que de les accepter en les interprétant comme suit : ou c'est par paresse, et c'est votre faute ; ou c'est parce que vous n'êtes pas doué, et il vous faut alors humblement le reconnaître en vous engageant dans la voie limitée que la nature vous prescrit… Mais s'ils ont, ne serait-ce que l'intuition de leurs capacités, ne sont-ils pas fondés à protester et à revendiquer l'assistance d'une instance d'appel ?

On se plaint souvent du manque de motivation des élèves, mais ne faudrait-il pas s'interroger sur le sens qu'il convient de lui donner avant d'y voir l'effet de la légèreté ou de l'absence de volonté, ou si les élèves paraissent souvent sans réaction et incapables, n'est-ce pas parce qu'ils ignorent le processus mental qui leur permettrait de réussir ? Ce qui est fondamental, c'est que chaque élève, dans l'intimité de sa conscience, se livre à des évocations visuelles, auditives, mixtes, pour apprendre et comprendre, et que la classe comporte des temps d'échange où chacun communiquera aux autres ses propres productions mentales.

L'idée d'une pensée sans image ni mot est dépourvue de toute réalité. L'enseignant de la "gestion mentale" invite donc expressément ses élèves à produire des évoqués visuels ou verbaux pour "se représenter" ce qu'on lui demande d'apprendre, de comprendre, de composer, d'imaginer. Ces hommes et ces femmes de terrain prouvent par leur expérience que l'élève qui se met en projet d'évocation et produit des évoqués à propos de ce qu'on lui donne à apprendre ou à comprendre est, de ce fait, en situation de compréhension : c'est là la chose énorme et méconnue.

La "gestion mentale", en responsabilisant l'élève, lui procure le moyen de conquérir son "autonomie pédagogique". Il cesse d'être un objet que l'on instruit, il n'est plus ce matricule déterminé par des opinions relatives, exprimées dans des conseils de classe ou quantifiées par des notes sujettes à caution. Il a enfin les moyens de se prendre en charge et il apprend ce qu'il doit faire pour réussir puisque l'enseignant lui "décrit" les formes d'efforts qu'il aura mentalement à mettre en œuvre. Le climat qui en résulte est fait d'optimisme et de joie.

Les élèves se piquent vite au jeu et font preuve d'ingéniosité pour gérer leur mental, devenu objet privilégié de leur lucidité. Ils n'avaient pas conscience de pouvoir s'en assurer la maîtrise et n'étaient que les esclaves des démarches qu'ils entreprenaient en aveugles. La libération de la vie mentale grâce à la connaissance que l'on en acquiert est la condition indiscutable de la liberté pédagogique et de la promotion des responsabilités de l'élève. Le sentiment que le progrès dépend de soi engendre la volonté de construire son succès.

L'enseignant n'est plus le distributeur du savoir, ni le juge des performances de l'élève. Il devient celui qui enseigne vraiment les moyens d'apprendre et acquiert ainsi une tout autre dimension relationnelle – d'où le sentiment de confiance et d'ouverture qui s'instaure entre eux. L'élève peut dire qu'il ne comprend pas, ou qu'il n'arrive pas à apprendre une leçon ; il n'a plus peur d'agacer, ou d'être jugé car l'enseignant peut l'aider à en diagnostiquer les causes et à déterminer ce qui va le mener au succès.

Je ne veux pas dire qu'avant la gestion mentale, tout enseignant cédait à la tentation de condamner l'élève. Je crois au contraire que ceux qui témoignent dans ces pages en faisaient l'économie et tiraient de leur générosité des trésors d'intuitions compréhensives. Mais la gestion mentale leur a donné les structures théoriques et les concepts qui justifient ce qu'ils ressentaient, pressentaient et esquissaient. Et leur tâche s'en trouve facilitée.

Les élèves, eux, ne sont pas tous dans une situation mentale telle qu'ils puissent d'emblée utiliser la liberté pédagogique qui leur est donnée. Les enseignants de la gestion mentale ont rencontré cet obstacle et il a sa raison d'être : l'élève qui, depuis le cours préparatoire, vit dans l'échec, ne peut accréditer d'emblée le discours que lui tient le gestionnaire de la vie mentale. C'est, lui semble-t-il, un nouvel effort pour rien ! Même l'élève déjà affirmé hésite lorsqu'on lui propose d'autres méthodes mentales que les siennes. *A fortiori*, l'élève qui n'a connu que l'échec !

"Tout progrès, écrit Auguste Comte, exige une réforme des mentalités." Il est vrai qu'une pédagogie qui se fonde sur l'élucidation des conditions mentales de l'apprentissage bouleverse les formes habituelles de la communication du savoir : l'enseignant doit se préoccuper du champ mental de l'élève et de sa structuration avant de songer à lui communiquer sa science. De même que j'étais porté spontanément à utiliser ma main gauche sitôt que j'étais placé dans une situation de préhension manuelle, de même l'enseignant, face à sa classe, est tout de suite tenté de faire "savoir" ce qu'il sait, estimant qu'il est capable, par l'intelligence qu'il en a acquise, de forcer à comprendre les têtes les plus rebelles, et n'imaginant pas qu'il y ait d'autres moyens à devoir prendre en compte.

Une rupture dans l'habitude pédagogique constitue déjà une difficulté d'ordre pratique pour des enseignants qui ont reconnu la vérité des analyses concernant les conditions mentales de tout apprentissage. *A fortiori*, il y en a parmi eux qui, les uns par idéologie, les autres par défense personnelle, refusent de regarder là où, selon nous, un nouveau champ pédagogique est à explorer. Certains estiment même qu'ils y perdraient leur âme. N'a-t-on pas été jusqu'à dire que la pédagogie n'était qu'un mauvais moyen pour combler les lacunes de l'enseignement ? En d'autres termes, le bon enseignant n'a que faire des pédagogues et de toute leur pédagogie. On ne saurait faire preuve d'une plus belle assurance dans le mépris.

Mais face à la quantité des échecs scolaires, cette attitude se révèle d'une tragique et dérisoire stupidité. Ayons l'intelligence de l'artisan qui n'ignore pas que l'apprenti est avide de "savoir-faire". Enseigner un geste, quel qu'il soit, requiert de la part du maître un minimum de "démonstration" sans laquelle l'apprenti ne saura exécuter à son tour ce geste. Responsable du développement mental de l'élève, l'enseignant doit se mettre à son école, sinon il faillira à sa mission qui est de comprendre ce dont l'élève a besoin pour bien accomplir sa tâche. »

Annexe

POUR EN SAVOIR PLUS SUR LA GESTION MENTALE

Institut international de gestion mentale
7, avenue du Maréchal Foch
91400 ORSAY
(un cédérom y est également disponible)

Fédération Initiative et Formation
48, rue Santos-Dumont
31400 TOULOUSE

GESTA
Groupe de recherche sur les théories d'apprentissage
11, rue Daguerre
75014 PARIS
01 45 38 67 13

Centre d'aide pédagogique
7, avenue du Maréchal Foch
91400 ORSAY

Institut supérieur de Pédagogie
3, rue de l'Abbaye
75006 PARIS

Centre de formation et de développement pour la réinsertion des travailleurs sociaux
8, rue Beccaria
38000 GRENOBLE

Maison de quartier La Mareschale
27, avenue de Tubingen
13090 AIX EN PROVENCE

OASIS
Association Handicapés enfants sourds et trisomiques
18, rue des Chambelles
44000 NANTES

Réussir ensemble
99, rue Saint-Laurent
38000 GRENOBLE

SCAHP
12, rue Romy Schneider
49900 ANGERS

Phonimage
Association d'orthophonistes
11, rue Pastourelle
75003 PARIS

Initiative et Formation

Belgique

10, Drève d'Argenteuil

B-1410 WATERLOO

Les Ateliers d'En Haut

Case postale 50

CH-1838 ROUGEMONT

CEFRA

9, chemin Pont de Ville

CH-1224 CHESNE Rougerie

Ecole de la Garanderie

(accueil des enfants de 4 à 16 ans)

16, avenue Eugène Rambert

CH-1005 LAUSANNE

Institut Apprendre à apprendre

15, rue du Jura

CH-2800 DELÉMONT

Pédagogie de la gestion mentale

41, boulevard de la Forêt

CH-1009 PULLY

Table des matières

Au catalogue Marabout

Enfants - Education

1001 idées amusantes pour occuper vos enfants,
C. Gourlat 3145 M4
Mon enfant a confiance en lui,
A. Bacus 3140 M5
Naissance d'une mamie,
S. Carquain 3135 M9
Nouvelle cuisine de bébé (La),
B. Marcadé et Dr H. Bouchet 3127 M9
Paré pour la vie,
Dr Y. Moigno 3143 M7
Parents efficaces,
Dr Th. Gordon .3102 M6
Père et son enfant (Le),
Dr F. Dodson 3100 M9
Plus beaux prénoms (Les),
F. Le Bras 3141 M5
Prénoms (Les),
C. Mercier 3114 M9
Psychologie de l'enfant (La),
Dr P. Morand de Jouffrey 3131 M6
Tests de Q.I. pour enfants de 11 à 15 ans,
A. Bacus 3146 M5
Tout se joue avant 6 ans,
Dr F. Dodson 3115 M6
365 façons de dire «je t'aime» à mon enfant,
C. Waller Krueger 3137 M7
Votre bébé de 1 jour à 1 an,
A. Bacus 3120 M9
Votre enfant de 1 à 3 ans,
A. Bacus 3121 M9
Votre enfant de 3 à 6 ans,
A. Bacus 3122 M9
Votre enfant de 1 jour à 3 ans,
Ed. cartonnée, A. Bacus . . . . .HC 140 FF

Psychologie

ABC de la caractérologie (L'),
P. Menard (juin) ....3572 N
A la découverte de soi,
R. de Lassus 3614 M9
Aimer tout le monde,
S. Ananda (avril) ....3642 N
Amour c'est quoi (L'),
R. de Lassus 3627 M7
Analyse Transactionnelle (L'),
R. de Lassus 3516 M9
Auto-analyse (L'),
K. Horney (juin) ....3577 N
Avoir de l'assurance en 10 points clés,
Dr J. Renaud 3550 M7
Avoir ou être,
E. Fromm 3638 M7
Cerveau (Le),
Diagram 3520 M12
Cette famille qui vit en nous,
C. Rialland 3636 M7
Choisir !,
S. Helmstetter 3623 M7
Combat pour l'âme,
K. Ward ....HC 75 FF
Comment acquérir une super-mémoire,
Dr J. Renaud 3536 M7
Comment améliorer vos résultats aux tests de Q.I.,
A. Bacus 3562 M7
Comment communiquer avec votre mari/femme,
P. Mc Dermott ....HC 95FF

Comment réussir dans la vie,
Diagram 3545 M7
Communication efficace par la PNL (La),
R. de Lassus 3510 M9
Communication facile au quotidien (La),
P. Menard (juin) ....3576 N
Comprendre les femmes,
P. Daco 3500 M9
Convaincre grâce à la morpho-psychologie,
B. Guthmann et P. Thibaut 3574 M7
Découvrez vos personnalités cachées,
J. Rowan 3560 M7
Découvrez-vous par votre signature,
L. Uyttenhove (juin) ....3566 N
Dessinez vos émotions,
N. Phillips et M. Comfort (avril) ......3643 N
Développez votre intelligence,
G. Azzopardi 3513 M9
Dictionnaire des rêves,
L. Uyttenhove 3542 M6
10 piliers de la caractérologie (Les),
J.-P. Juès 3619 M7
Du côté de la vie,
J. Canfield et M.V. Hansen ....HC 75 FF
Efficace et épanoui par la PNL,
R. de Lassus 3563 M7
Ennéagramme (L'),
R. de Lassus (mars) ....3568 N
Etats non ordinaires de conscience (Les),
M. Nachez (mars) ....3640 N
Etre homosexuel,
R.A. Isay 3575 M7
Femmes efficaces,
L. Adams 3557 M7

3155

IMPRIMÉ EN FRANCE PAR BRODARD ET TAUPIN
1879T-5 - Usine de La Flèche (Sarthe), le 31-12-1997.

pour le compte des
Nouvelles Éditions Marabout
D.L. janvier 1998/0099/011
ISBN : 2-501-03019-2